智能制造教学工厂系统设计

许怡赦　著

北京理工大学出版社
BEIJING INSTITUTE OF TECHNOLOGY PRESS

内 容 简 介

在产业互联网时代背景下，《智能制造教学工厂系统设计》从智能制造概念出发，介绍当前"工业4.0"和"中国制造2025"中大规模个性化定制生产模式，将智能设备、信息技术等进行完美融合。工厂制造的设计、生产、物流等环节均由智能系统、工具、设备完成，旨在帮助读者从概念出发了解智能工厂的构成与实施，同时客观了解当前高职院校有关智能制造方面实验实训设备的发展趋势。

全书共六章，内容包括大规模个性化定制生产模式，智能制造教学工厂构想，智能制造教学工厂总体设计，以及智能制造教学工厂机械、电气和控制设计。本书对从事职业技术教学的教师、高年级学生具有很好的指导作用，对我国智能制造工程相关技术人员和管理人员有很强的实用价值和借鉴作用。

图书在版编目（C I P）数据

智能制造教学工厂系统设计／许怡赦著． —— 北京：
北京理工大学出版社，2022.3
ISBN 978 - 7 - 5763 - 1141 - 9

Ⅰ．①智… Ⅱ．①许… Ⅲ．①智能制造系统 – 系统设计 Ⅳ．①TH166

中国版本图书馆 CIP 数据核字（2022）第 042427 号

责任编辑：朱 婧　　**文案编辑**：王培凝
责任校对：周瑞红　　**责任印制**：施胜娟

出版发行 ／ 北京理工大学出版社有限责任公司
社　　址 ／ 北京市丰台区四合庄路 6 号
邮　　编 ／ 100070
电　　话 ／ （010）68914026（教材售后服务热线）
　　　　　　　（010）68944437（课件资源服务热线）
网　　址 ／ http://www.bitpress.com.cn

版 印 次 ／ 2022 年 3 月第 1 版第 1 次印刷
印　　刷 ／ 河北盛世彩捷印刷有限公司
开　　本 ／ 787 mm×1092 mm　1/16
印　　张 ／ 11.75
字　　数 ／ 245 千字
定　　价 ／ 59.00 元

前　言

制造业是国民经济的主体，是立国之本、兴国之器、强国之基。当前中国已经成为世界制造大国，面临的问题是如何实现制造业的转型，如何从制造大国走向制造强国。

2013年以来，习近平总书记曾先后指出，"我们这么一个大国要强大，要靠实体经济，不能泡沫化"，"深入实施创新驱动发展战略，增强工业核心竞争力"，"推动中国制造向中国创造转变、中国速度向中国质量转变、中国产品向中国品牌转变"。2015年3月5日，李克强总理在政府工作报告中指出，要实施"中国制造2025"，加快从制造大国转向制造强国。5月8日，国务院印发《中国制造2025》战略文件，部署全面推进实施制造强国战略。

"中国制造2025"以创新驱动发展为主题，以信息化与工业化深度融合为主线，以推进智能制造为主攻方向。智能制造是系统工程，要从产品、生产、模式、基础四个维度系统推进，其中，智能产品是主体，智能生产是主线，以用户为中心的产业模式变革是主题，以信息物理系统和工业互联网为基础。实现机械产品向"数控一代"乃至"智能一代"发展，可从根本上提高产品功能、性能和市场竞争力；使制造业向智能化集成制造系统发展，构建智能企业，全面提升产品设计、制造和管理水平；大大促进规模定制生产方式的发展，延伸发展生产性服务业，深刻地改革制造业的生产模式和产业形态。

随着"工业4.0"时代的到来，其对制造行业提出了更高要求，这对我国既是挑战又是机遇。坚持把人才作为建设制造强国的根本，走人才为本的发展道路。加强制造业人才发展的统筹规划和分类指导，建立健全科学合理的选人、用人、育人机制，改革和完善学校教育体系，建设和强化继续教育体系，加快培养制造业发展急需的专业技术人才、经营管理人才、技能人才，建设规模宏大、结构合理、素质优良的制造业人才队伍。

把握好这一机遇的关键在于技术技能人才的培养。当前人才培养的任务主要落在企业和高校的肩上，而如何打造一个能够适应时代需求的人才培养的平台是众多高职院校所面临的难题，如何利用平台引导技术技能人才的培养体系也是众多高职院校所关注的问题。湖南机电职业技术学院和湖南宇环智能装备有限公司顺应时代潮流和市场需求，结合产学研用，为公司和学校培养适应国家发展需要的技术技能人才提供一个合适平台，即智能制造概念工厂。

基于平面薄板饰件精加工的智能制造教学工厂，体现了大规模个性化定制生产模式，主要用于教学培训，也可用于实际生产。其特点是运用"个性化分布式控制技术"，整合数控系统、PLC、视觉检测与定位系统、工业机器人、立体仓库、AGV等先进技术资源，构建一所生产与教学相结合的智能工厂，以改变传统的教学模式；开发与生产线相适应的生产管理系统、网络通信系统、基于安卓系统的远程操控客户端、基于PC的远程网页客户端及现场层控制系统和监视系统；针对平面零件产品工艺进行研究，同时对设备进行非标二次改造，以适应自动化生产过程的智能化需求；后包装环节，针对产品及包装盒的多种来料姿态，对传感器检测过程中的多数据融合处理技术进行研究，基于此开发多维度姿态检测平台，实现对来料姿态的迅速感知与调整；对立体仓库及仓储管理软件功能需求进行研究，针对本智能工厂实际生产作业流程及所生产的产品定制开发适用于本系统的软件模块；对高精度搬运装置的结构及控制方法进行研究；对不同设备之间的传感技术、通信技术及控制技术进行研究，满足智能工厂的系统集成要求。其关键技术在于：模块化布局设计；融入并行设计理念；面向多元素设计理念的融入；对激光切割机、精雕机、数控磨床、喷砂机进行了改造，适应智能化生产需要；产品的多样性；后包装机构研制了多维度姿态检测校正装置；多级齿轮传动搬运装置；智能工厂五大模块系统的开发；基于 KingSCADA 与 KingHistorian 智能制造实训平台；基于 KingMobile 片式小型工艺品设计手机 APP 软件；基于 Ethernet 的单个工业视觉与多个工业机器人协同工作的远程控制应用技术；加工、控制、管理、网络等全方位主流技术。该项目研究过程中大胆地融入了"工业 4.0"与"中国制造 2025"相关理念，虽然尚不完善，但是必然会将"工业 4.0"与"中国制造 2025"的概念融入人才培养体系中，并促使其进一步探索，为中国制造业的发展做出贡献，开启真正的智能制造时代。

本书共分六章，讲述了智能制造教学工厂的系统设计与开发。第 1 章介绍了大规模个性化定制生产模式，由许怡赦和朱永波撰写；第 2 章介绍了智能制造教学工厂构想，由许怡赦和朱永波撰写；第 3 章介绍了智能制造教学工厂总体设计，由张欣荣和李斌撰写；第 4 章介绍了智能制造教学工厂机械部分设计，由张欣荣和彭国超撰写；第 5 章介绍了智能制造教学工厂电气部分设计，由梅凯和李斌撰写；第 6 章介绍了智能制造教学工厂控制系统设计，由李斌和许怡赦撰写。

本书的编写工作得到了 2020 年湖南省哲学社会科学基金项目（20YBA190）、湖南宇环智能装备有限公司、湖南宇环数控股份有限公司的支持，还得到了业内众多专家的指点，对此一并致以诚挚的谢意。

由于智能制造和智能工厂还处于摸索之中，同时也限于我们的认识，书中不足之处在所难免，恳请读者给予批评与指正。

著　者

目　录

第1章

大规模个性化定制生产模式

1.1 智能制造概念特征与系统架构

1.1.1 智能制造概念特征

目前，国内外还没有关于智能制造的准确概念，工信部给出了一个比较全面的描述性定义：智能制造是基于新一代信息技术，贯穿设计、生产、管理和服务等制造活动各个环节，具有信息深度自感知、智慧优化自决策、精准控制自执行等功能的先进制造过程、系统与模式的总称。

智能制造本质上是先进制造技术与新一代信息技术不断深度融合的产物，具备数字化、网络化和智能化三个最基本的特征。

1. 数字化

数字化既包含产品数字化，也包含生产工艺数字化。产品数字化是指使用 CDD（通用数据字典）建立产品全生命周期数据集成和共享平台，使用 PDM 管理零件、结构、配置、文档和 CAD 文件等产品相关信息，使用 PLM 进行产品全生命周期管理；使用 CAD 和 CAE 进行产品设计和产品仿真评估。生产工艺数字化是指使用 CAPP 的数值计算、逻辑判断和推理等功能来制定和仿真零部件机械加工工艺过程，使用 CAM 进行生产设备管理控制和操作过程。

2. 网络化

网络化包含智能装备的互联互通、工业控制网络与生产管理网络的集成以及工厂网络与互联网的集成。生产现场智能装备的互联互通通过现场总线、工业以太网、工业无线网及移动网等方式实现，工业控制网络与生产管理网络通过 OPC、UA、Web Services 等技术实现，工厂网络与互联网通过大数据应用和工业云服务实现企业互联、产品远程维护等智能服务。

3. 智能化

智能化是指智能生产、智能产品和智能服务。智能生产是面向定制化设计，支持多品种小批量生产模式，通过使用智能化生产管理系统与智能装备，实现生产过程全生命周期的智能化管理，以及状态自感知、实时分析、自主决策、自我配置和精准执行的自组织生产。智能产品一方面是指产品本身的智能化；另一方面是指生产过程中的每个产品和零部件是可标识、可跟踪的，甚至产品了解自己被制造的细节以及将被如何使用。智能服务是利用互联网、云计算、大数据分析等新技术，提供远程检测诊断、运营维护、技术支持等售后服务。

数字化、网络化、智能化技术作为共性使能技术，已经深刻地与制造技术融合。数字化技术确保产品从设计到制造的一致性，并且在制样前对产品的结构、功能、性能乃至生产工艺都进行仿真验证，极大地节约了开发成本并缩短了开发周期；网络化通过信息的横向集成、纵向集成和端到端集成实现研究、设计、生产和销售各种资源的动态配置以及产品全程跟踪检测，实现个性化定制及柔性化生产，提高产品质量；智能化将人工智能融入设计、感知、决策、执行、服务等产品全生命周期，提高生产效率。

1.1.2 智能制造系统架构

智能制造系统是基于智能制造技术，综合人工智能技术、智能制造机器、代理技术、材料技术、信息技术、现代管理技术、自动化技术和系统工程理论与方法所形成的高度网络集成和自动化的一种制造系统。智能制造系统是智能技术集成应用的环境，也是实现智能制造、展现智能制造模式的载体，通过使用智能化生产管理系统和智能装备实现生产过程的智能化。

从系统实现过程的角度看，一方面，智能制造系统通过将智能化管理系统（ERP、MES、PLM/PDM、SCADA 等）与网络化的智能装备（高档数控机床、工业机器人、智能传感与控制装备、增材制造装备、智能检测与装配装备、智能物流与仓储装备等）集成、交互，实现智能化、网络化管理，进而实现企业业务流程与工艺流程的协同，生产智能产品；另一方面，智能制造系统不仅关注产品全生命周期管理，而且扩展到供应链、订单、资产等全生命周期管理。

1. 组成

智能制造系统架构是一个通用的制造体系模型，为智能制造的技术系统提供构建、开发、集成和运行的框架，目标是指导以产品全生命周期管理形成价值链主线的企业实现研发、生产、服务的智能化，通过企业间互联和集成建立智能化的制造业价值网络，形成具有高度灵活性和持续演进优化特征的智能制造系统。

智能制造系统基本架构包括生产线层、车间/工厂层、企业层和企业协同层四个层级，如图 1-1 所示。

（1）生产线层。生产线层是指生产现场设备及其控制系统，主要由 OT（运营技术）网络、传感器、执行器、工业机器人、数控机床、控制系统、制造装备、人员或工具等组成，实现生产线层智能制造的关键是柔性生产、数据采集、人机交互、机器间通信等。

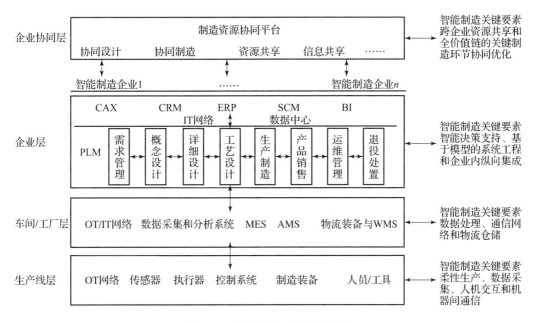

图 1-1 智能制造系统基本架构

（2）车间/工厂层。车间/工厂层主要是指制造执行系统及车间物流仓储系统，主要由 OT/IT 网络、生产过程数据采集和分析系统、制造执行系统（MES）、资产管理系统（AMS）、车间物流管理系统（LMS）、仓库管理系统（WMS）、物流与仓储装备等组成。实现车间/工厂层智能制造的关键要素主要包括数据处理、通信网络、物流与仓储管理。

（3）企业层。企业层是指产品全生命周期管理及企业管控系统，主要由产品生命周期管理（PLM）系统、IT 网络、数据中心、客户关系管理系统（CRM）、计算机辅助技术（CAX）、企业资源计划管理系统（ERP）、供应链管理系统（SCM）、商务智能系统（BI）等组成，实现企业层智能制造的关键要素主要有智能决策支持、基于模型的系统工程和企业内纵向集成。

（4）企业协同层。企业协同层是指以网络和云应用为基础构成的覆盖价值链的制造网络，主要包括制造资源协同平台、协同设计、协同制造、供应链协同、资源共享、信息共享和应用服务等，实现企业协同层智能制造发展水平的关键要素主要有跨企业资源共享及全价值链的关键制造环节协同优化。

2. 功能

智能制造系统具有信息感知、优化决策、实时控制、智能生产、卓越供应、网络协同、个性定制和优化服务 8 个方面的功能。

3. 集成

实现智能制造系统的过程主要是将智能制造系统架构各层级的关键组成要素在层内、层间进行综合集成，包括纵向集成、横向集成和端到端集成。

（1）纵向集成。纵向集成主要是企业内部信息流、资金流和物流的集成，在智能制造系统架构中表现为生产线层级的制造过程控制系统、车间/工厂层级的制造执行系统（MES）以及企业层级的企业资源计划管理系统（ERP）之间的互联互通，可以自动地上传下达设备状态、物料信息、生产能力、订单状态、生产环境、生产指令和物料清单等数据。

（2）横向集成。横向集成主要是指企业间通过价值链及信息网络实现的资源整合，为实现各企业间的无缝合作，实时提供产品与服务，推动企业间研产供销、经营管理与生产控制、业务与财务全流程的无缝衔接和综合集成，实现产品研发、生产制造、经营管理、销售服务等在不同企业间的信息共享和业务协同，在智能制造系统架构中表现为价值链上企业间的制造资源共享以及关键制造环节的并行组织和协同优化。

（3）端到端集成。端到端集成主要是指围绕产品全生命周期的价值创造，通过价值链上不同企业资源的整合，实现产品设计、生产制造、物流配送、使用维护的产品全生命周期的管理和服务，集成供应商、制造商、分销商及客户的信息流、资金流和物流，在创新产品和服务的同时重构产业链各环节的价值体系。

1.2　智能制造通用模式

智能制造模式就是采用智能制造装备、系统或技术的企业进行生产的组织形式，是企业在智能制造过程中依据不同环境因素，应用智能制造技术及先进智能制造组织方式进行生产、制造和管理的方法。

1.2.1　基本模式

企业生产方式主要可以分为按订单生产、按库存生产或两者的组合，从生产类型上可以分为批量生产和单件小批生产，从产品类型和生产工艺组织方式上可分为流程生产和离散制造。流程生产主要通过对原材料进行混合、分离、粉碎、加热等物理或化学方法使原材料增值，通常以批量或连续的方式进行生产；离散制造主要通过对原材料物理现状的改变、组装，使其成为产品而增值。这类企业既有按订单生产也有按库存生产，既有批量生产也有单件小批生产。无论是流程型还是离散型，其主要区别在于生产资料是否产生了性质的改变，以及工艺过程是发生了物理变化还是化学变化，而从企业管理和信息化角度来看都需构建信息系统对研发、生产、销售、服务等环节进行管理，二者是没有本质区别的。因此，企业推进智能制造首先可以从生产环节的智能化升级与改造开始，随后从设备、车间、工厂、企业、上下游产业链逐渐展开。对应智能制造系统架构，可以提出智能制造通用模式，如图 1-2 所示，可分为作业控制层、现场管理层、企业运营层和协同商务层四个层级。

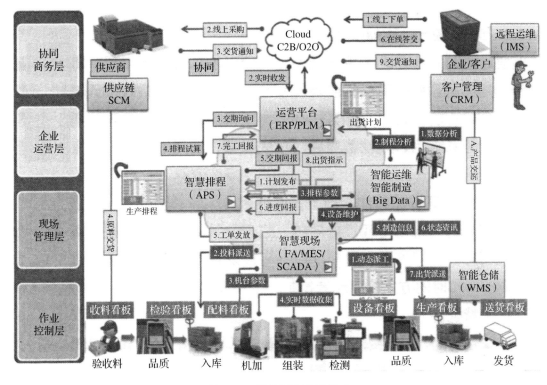

图1-2　智能制造通用模式

1. 作业控制层

（1）CPS。CPS（信息物理系统）是一个综合计算、网络和物理环境的多维复杂系统，通过信息技术的有机融合与深度协作，实现大型工程系统的实时感知、动态控制和信息服务。

CPS包含了环境感知、嵌入式计算、网络通信和网络控制等系统工程，使物理系统具有计算、通信、精确控制、远程协同和自治功能，注重计算资源与物理资源的紧密结合与协调，主要用在一些智能系统上如设备互联、物联传感、机器人等，通过人机交互接口实现与物理进程的交互，使用网络化空间以远程、可靠、实时、安全和协作的方式操控一个物理实体。

CPS的意义在于将物理设备连接到互联网上，使其具有计算、通信、精确控制、远程协同和自治五大功能。CPS对网络内部设备的远程协调能力、自治能力、控制对象的种类和数量，特别是在网络规模上，远远超过现有的工控网络，将整个世界互联起来，如同互联网改变人与人的互动一样，将会改变我们与物理世界的互动。

（2）自动控制系统。目前，在工业过程控制过程中有三大类型控制系统，即PLC、FCS和DCS。

PLC（可编程逻辑控制器）是专为工业生产设计的一种控制系统，它采用可编程存储器存储其内部程序，执行逻辑运算、顺序控制、定时、计数与算术操作等面向用户的指令，并通过数字或模拟方式输入/输出控制各种类型的机械或生产过程。PLC控制器广泛应用于钢铁、石油、化工、机械制造和汽车等各个行业，用于开关量逻辑控制、模拟量控制、运动控制、过程控制、数据处理、通信及联网。

FCS是第五代过程控制系统，融合3C技术，是以全数字化、智能、多功能取代模拟式单功能仪器、仪表、控制装置。把微机处理器转入现场自控设备，通过控制室到现场设备的双向数字通信总线，用互联、双向、串行多节点、开放的数字通信系统取代单站、单点、并行、封闭的模拟系统，用分散的虚拟控制站取代集中的控制站，使设备具有数字计算和数字通信能力，信号传输精度高，能远程传输，实现信号传输全数字化、控制功能分散及标准统一全开放。

DCS（分布式控制系统）相对于集中式控制系统而言是一种新型计算机控制系统，是由过程控制级和过程监控级组成的以通信网络为纽带的多级计算机系统，综合了计算机、通信、显示和控制等4C技术，其基本思想是分散控制、集中操作、分级管理、配置灵活及组态方便。

2. 现场管理层

（1）FA系统。FA（工厂自动化）是指自动完成产品制造的全部或部分加工过程的技术，它包括设计、制造和加工等过程的自动化，也包括企业内部管理、市场信息处理以及企业间信息联系等信息流的全面自动化。常规组成方式是将各种加工自动化设备和柔性生产线连接起来，配合计算机辅助设计（CAD）和计算机辅助制造系统（CAM），在中央计算机统一管理下协调工作，使整个工厂生产实现综合自动化。工厂自动化具有以下特点：控制方式由集中式转变为智能分布式、集管理与现场控制于一体、开放性和智能性。

（2）MES。MES是一套面向制造企业车间执行层的生产信息化管理系统，可以为企业提供制造数据管理、计划排程管理、生产调度管理、库存管理、质量管理、人力资源管理、工作中心/设备管理、工具工装管理、采购管理、成本管理、项目看板管理、生产过程控制、底层数据集成分析、上层数据集成分解等管理模块，为企业打造一个可靠、全面、可行的制造协同管理平台。

MES主要负责车间生产管理和调度执行，其任务是对整个车间制造过程的优化，而不是单一解决某个生产瓶颈。MES可以在统一平台上集成诸如生产调度、产品跟踪、质量控制、设备故障分析、网络报表等管理功能，使用统一的数据库和连续信息流来实现企业信息全集成，实时收集生产过程中的数据并做出相应的分析和处理，同时为生产部门、质检部门、工艺部门和物流部门等提供车间管理信息服务。

（3）SCADA系统。SCADA（数据采集与监视控制）系统是以计算机为基础的分布式控制系统与电力自动化监控系统，其逻辑结构如图1-3所示。

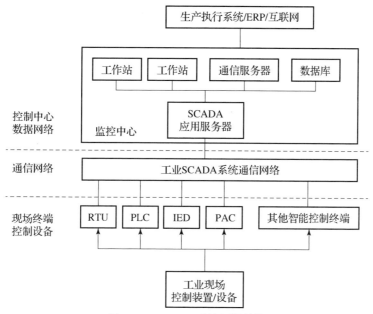

图 1-3 SCADA 系统逻辑结构

（4）仓库管理系统。仓库管理系统是通过入库业务、出库业务、仓库调拨、虚仓管理和即时库存管理等功能，有效控制并跟踪仓库业务的物流和成本管理全过程，实现或完善企业仓储管理的信息管理系统。该系统可以独立执行库存操作，也可与其他系统的单据和凭证等结合使用，可为企业提供更为完整的企业物流管理流程和财务管理信息。

3. 企业运营层

（1）ERP 系统。ERP 系统即企业资源计划管理系统，是 MRPⅡ 下一代的制造业系统和资源计划软件。除 MRPⅡ 已有的生产资源计划、制造、财务、销售、采购等功能外，还有质量管理、实验室管理、业务流程管理、产品数据管理、存货、分销与运输管理、人力资源管理和定期报告等系统功能。

企业资源计划是指建立在信息技术基础上的系统化的管理思想，是为企业决策层及员工提供决策运行手段的管理平台。ERP 系统支持离散型、流程型等混合制造环境，通过融合数据库技术、图形用户界面、第四代查询语言、客户服务器结构、计算机辅助开发工具、可移植的开放系统等对企业资源进行有效的集成。

ERP 是一种主要面向制造行业进行物质资源、资金资源和信息资源集成一体化管理的企业信息管理系统。它融合了离散型生产和流程型生产的特点，面向全球市场，包罗了供应链上所有的主导和支持能力，协调企业各管理部门围绕市场导向，更加灵活或"柔性"地开展业务活动，实时地响应市场需求。

ERP 把客户需求和企业内部的制造活动以及供应商的制造资源整合在一起，形成企业一个完整的供应链，其核心管理思想主要体现在以下三个方面：①对整个供应链资源进行管理的思想；②精益生产、敏捷制造和同步工程的思想；③事先计划与事前控制的思想。

（2）PLM 系统。PLM（产品生命周期管理）是应用于单一地点的企业内部、分散在多个地点的企业内部以及在产品研发领域具有协作关系的企业之间的，支持产品全生命周期的信息的创建、管理、分发和应用的一系列应用解决方案，它能够集成与产品有关的人力资源、流程、应用系统和信息。

（3）APS。APS（高级生产规划及排程系统）利用先进的信息科技及规划技术，如遗传算法、限制理论、运筹学、生产仿真及限制条件满足技术等，在考虑企业资源（主要为物料与产能）限制条件与生产现场的控制与派工法则下，规划可行的物料需求计划与生产排程计划，以满足顾客需求及应对竞争激烈的市场。整体而言，APS 功能特色大致归纳为以下三点：同步规划、考虑企业资源限制下的最佳化规划、实时性规划。

（4）SCM 系统。SCM（供应链管理）是一种集成的管理思想和方法，执行供应链中从供应商到最终用户的物流计划和控制等职能。从单一的企业角度来看，是指企业通过改善上下游供应链关系，整合和优化供应链中的信息流、物流、资金流，以获得企业的竞争优势。供应链管理是企业的有效性管理，表现了企业在战略和战术上对企业整个作业流程的优化。整合并优化了供应商、制造商、零售商的业务效率，使商品以正确的数量、正确的品质，在正确的地点、时间，以最佳的成本进行生产和销售。

（5）CRM 系统。CRM（客户关系管理）系统是以客户数据的管理为核心，利用信息科学技术，实现市场营销、销售、服务等活动自动化，并建立一个客户信息的收集、管理、分析、利用的系统，帮助企业实现以客户为中心的管理模式。

客户关系管理系统主要有高可控性的数据库、更高的安全性、数据实时更新等特点，提供日程管理、订单管理、发票管理、知识库管理等功能。

4. 协同商务层

（1）工业大数据平台。工业大数据是指在工业领域中，围绕典型智能制造模式，从客户需求到销售、订单、计划、研发、设计、工艺、制造、采购、供应、库存、发货和交付、售后服务、运维、报废或回收再制造等整个产品全生命周期各个环节所产生的各类数据及相关技术和应用的总称。其以产品数据为核心，极大地延展了传统工业数据范围，同时还包括工业大数据相关技术和应用。其主要来源可分为三类：生产经营相关业务数据、设备相关数据和外部数据。

工业大数据技术是使工业大数据中所蕴含的价值得以挖掘和展现的一系列技术与方法，包括数据规划、采集、预处理、存储、分析挖掘、可视化和智能控制等。工业大数据应用则是对特定的工业大数据集，集成应用工业大数据系列技术与方法，获得有价值信息的过程。

工业大数据除了具有一般大数据的特征（数据量大、多样、快速和价值密度低）外，还具有时序性、强关联性、准确性和闭环性等特征。

（2）远程运维平台。远程运维平台主要是一个管理运维的平台，管理方面分为两类管理：一是对所有平台上的智能设备进行管理监测；二是对平台上的用户进行管理。平台上主要的功能分为物联呈现、基础档案、业务流程、基础管理、故障管理和资产管理。

（3）云服务平台。工业云计算平台是将信息化建设的基础要素（网络、主机、数据库和中间件等）在云计算架构下形成面向服务的具有安全和运行保障的有机整体——云计算公共服务平台。

公共云服务平台是面向服务并体现云计算模式的"五横二纵"的体系框架。"五横"是以基础设施即服务、平台即服务为基础支撑的信息化基础资源共享服务体系；每层既对上一层提供服务支撑，同时又具有独立的面向业务支撑的应用服务体系，体现基础设施即服务、数据即服务、平台即服务和软件即服务的云计算体系架构。

利用云计算技术为生产制造业提供基础资源和工业设计软件的咨询与服务，以租用服务替代软件销售，降低企业成本，最终实现智慧工厂综合管理系统、企业资产管理系统、企业资源计划管理系统、产品数据管理系统、制造执行系统、企业应用整合系统等按需部署、按需服务，开启生产制造企业智能化升级改造之路，推动企业实现知识共享和协同研发，打通产业协同创新链条。

（4）企业信息门户。企业信息门户是将企业的所有应用和数据集成到统一的信息管理平台上，给信息系统的所有用户提供统一标准的使用入口。通过企业信息门户可以快速构建企业门户、电子商务、协作办公、数字媒体、视频点播、企业信息资源目录、场景式服务等内外网应用，平台支持二次开发、网络升级，具有高度的灵活性和扩展性，是门户网站/站群管理的利器。企业信息门户主要包括用户信息管理、企业概况、经营管理信息、咨询与服务、网上宣传。

1.2.2　运行机制

智能制造基本模式的运行机制模拟了企业的实际业务流程，也是诸多关键要素集成的依据，其中四个主要的运行机制描述如下：

（1）智慧运营。企业或客户通过线上下单，将订单信息导入网络协同平台，网络协同平台将订单信息发送至合适的企业并由企业运营平台（ERP/PLM）处理，由APS进行模拟计算，将预计交货日期等信息回送到企业运营平台，并通过网络协同平台的在线交流通知客户。

（2）智慧排程。APS将优化的生产计划发布至企业运营平台，通过网络协同平台向供应商发布线上采购通知，如采购成功，通过SCM交运生产原料至作业控制层，此时APS控制现场诸系统（FA/MES/SCADA）进行生产和数据采集，向运营平台回送生产进度和完工信息，待出货指令到达后通过WMS进行收发货作业，并通过协同平台向客户发送发货通知。

（3）智慧生产。MES根据动态生产计划进行派工作业，并实时监控生产工艺流程，采集各种数据、信息，并根据这些信息进行生产过程的实时监控和动态调整，最终将产品送往WMS，等待发货。

（4）智能运维。基于工业大数据平台进行生产数据分析、制程分析等各类分析工作，一方面优化排程参数，生成更具效率效益的生产计划，另一方面将各类信息实时导入生产现场，优化生产流程，确保生产安全。

1.3 大规模个性化定制模式解读

1.3.1 大规模个性化定制模式概述

大规模个性化定制是指在系统思想的指导下集企业、客户、供应商、员工和环境于一体，用整体优化的观点，充分利用企业已有的各种资源，在标准技术、现代设计方法、信息技术和先进制造技术的支持下，根据客户个性化需求，以大批量生产的低成本、高质量和高效率提供定制产品和服务的生产方式。其基本思想在于通过产品结构和制造流程的重构，运用现代化的信息技术、新材料技术、柔性制造技术等一系列高新技术，把产品的定制生产全部或部分转化为批量生产，以大规模生产的成本和速度为单个客户或小批量多品种市场定制任意数量的产品。

根据客户订单分离点在生产活动中的不同阶段，大规模个性化定制的实现可以分为按订单销售、按订单装配、按订单制造和按订单设计四种类型，定制化程度依次增强。

（1）按订单销售又称按库存生产，是一种大批量生产方式。其中，只有销售活动是由客户订货驱动的，企业通过往后移动客户订单分离点的位置来减少现有产品的成品库存。

（2）按订单装配是指企业接到客户订单后，将已有的零部件进行再配置，向客户提供定制产品。在这种生产方式下装配活动及其下游活动是由顾客订货驱动的，企业通过往后移动客户订单分离点的位置而减少现有产品零部件和模块库存。

（3）按订单制造是指企业接到订单后，在已有零部件的基础上进行变形设计、制造和装配，最终向顾客提供定制产品。在这种生产方式中，订单分离点位于产品的生产阶段，变型设计及其下游活动都是由顾客订货驱动的。

（4）按订单设计是指根据顾客的特殊需求，重新设计新的零部件或者更换整个产品。客户订单分离点位于产品的开发设计阶段，产品的开发设计及原材料生产、运输等都由客户订单驱动。

大规模个性化定制模式具有专业化的产品制造、模块化的产品设计、伙伴化的合作企业关系及网络化的生产组织和管理四大特点。

大规模个性化定制模式要求企业具有三大能力：准确获取顾客需求能力、敏捷产品开发设计能力和柔性生产制造能力。

具备大规模个性化定制模式的企业主要运作过程如下：

（1）订单获取与协同。在企业获取订单过程中企业与客户进行互动，获取客户需求并将其进行可行性分析，提供一个满足客户个性化需求的产品解决方案并以订单形式呈现。

（2）订单执行管理。该过程主要是对产品价值链上的各种活动进行管理，包括企业供应链，它和订单获取与协同过程相互影响。当订单执行过程能够按照订单上的细节控制该过程中的各个活动时，表示客户个性化需求可行。

（3）订单执行实现。该过程主要是依据订单将产品生产出来并交付到客户手中的过程，主要是指产品实现过程。同时，还包括供应链上的活动及产品交付活动。

（4）订单执行后。该过程指定制化产品交付到客户手中后，处理客户抱怨、技术指导、客户维护等活动，以及进一步与客户互动、了解客户需求等。

（5）产品研发设计。主要是在企业生产能力的范围内为客户研发设计个性化需求产品，在大规模定制下该环节要遵循模块化产品族设计原则和客户参与指导原则。

（6）产品生产方案设计。产品生产方案设计是指将产品设计方案进一步转化成产品生产工艺流程，并衍生一系列制造工艺和规则。

企业通过持续改进，实现模块化设计方法、个性化定制平台、个性化产品数据库的不断优化，形成完善的基于数据驱动的企业研发、设计、生产、营销和供应链管理和服务体系，快速、低成本满足用户个性化需求的能力显著提升。

1.3.2 大规模个性化定制模式关键要素解析

要素条件内容有：

（1）产品采用模块化设计，通过差异化的定制参数组合形成个性化产品；

（2）建立基于互联网的个性化定制服务平台，通过定制参数选择、三维数字建模、虚拟现实或增强现实等方式，实现与用户深度交互，快速产生产品定制方案；

（3）建立个性化产品数据库，应用大数据技术对用户的个性化需求特征进行挖掘和分析；

（4）工业互联网个性化定制平台与企业研发设计、计划排产、柔性制造、营销管理、供应链管理、物流配送和售后服务等数字化制造系统实现协同与集成。

大规模个性化定制环境下的产品设计已不再是针对单一产品而进行的，而是在产品的概念设计阶段就考虑一系列类似产品的设计即产品族设计。产品族设计是制造企业快速开发产品、降低成本、实现大规模个性化定制生产的有效途径。

产品族开发主要有两方面的内容：一是产品族模块化设计，二是面向产品族模块的产品配置设计。产品族模块化是大规模个性化定制的基础，将无限的产品特征转化为有限的产品模块；产品配置设计是大规模个性化定制的核心，是根据预定义的模块及产品主结构之间的相互约束关系，通过合理的组合，形成满足客户个性化需求的产品。

1. 关于大规模个性化定制主要理论方法

（1）模块化设计。产品模块化设计是在对一定范围内的不同功能或相同功能不同性能、不同规格的产品进行功能分析的基础上，划分并设计出一系列功能模块，通过模块选择和组合可以构成不同的产品，以满足市场不同需求的设计方法。产品模块化设计是标准化和规范化的结果，是实现产品资源重用的基础，也是实现产品配置设计和产品变型设计的关键。企业实行大规模个性化定制可以利用各种模块化的零部件，根据不同的客户要求组合成不同的产品。在这种生产过程中，产品是根据订单在标准的模块中进行生产的，组装过程采用定制化，而所需的零部件仍然以大规模标准化的方式生产。这样，每个客户都可以得到符合特定需求的"新产品"，而制造企业则采用成熟的技术和模块配合的组合方式来制造"成熟产品"。由此可见，产品模块化设计体现了大规模个性化定制企业充分利用规模经济的效应，具有如下重要意义：

①简化开发设计过程，实现技术与资源的重用；减少产品的设计时间，降低产品的设计成本，提高生产效率，缩短供货周期。

②提高产品质量和可靠性，提高企业对市场的快速应变能力。

③能够满足用户的多样化需求。

④企业可同时生产多种产品，并使其标准化部件的数目最大化。

（2）产品族规划设计。产品族规划设计是在产品模块化设计的基础上，对现有产品进行族类型谱规划的过程。通过对特定用户的研究可以动态地调整产品族的特性，不同的产品族能够满足不同人群的需求。通过对产品族进行规划设计，可以提升企业的竞争力，并实现产品的适时快速调整，以应对市场的风云变化。

（3）产品配置设计。产品配置设计的基本思想是建立能满足产品市场需求的各种基础组件模块，这些组件模块应当具有足够的柔性以提供面向用户需求的各种解决方案。

以上三种设计是实现大规模个性化定制的主要理论方法，模块化设计主要是从大规模个性化定制产品的结构设计出发的，而产品族规划设计在此基础上，从理论的角度规划产品功能分类，产品配置设计直接通过客户的需求配置模块，其中模块化设计是大规模个性化定制产品设计的基础。在大规模个性化定制生产模式下，要注意三种设计间的协同作用，三种设计模式相互配合、相互补充，才能发挥最大的定制设计作用，最终产生最高满意度的产品。

2. 关于大规模个性化定制服务

个性化定制服务是指企业针对不同的客户提供不同的信息或服务，主要包括客户信息模型、服务资源模型和个性化定制服务模型。在个性化定制服务方法中，客户信息模型是个性化定制服务的指导，也是个性化定制服务系统构建的依据；服务资源模型建立了个性化系统能完成的所有服务功能的模型；个性化定制服务模型由客户信息模型和服务资源模型融合而成，是客户需求的个性化定制服务信息的知识模型。

3. 关于个性化产品数据库

（1）产品个性化。狭义上产品个性化是较竞争对手在产品整体或产品的某一方面，不仅具有该类产品的共性，同时具有其他产品没有的功能与特性，因明显优势而领先、超前于竞争对手，产生对消费者的一种颇具时代性的人文关怀。

广义上产品个性化不仅包含样式、功能、外观、品质、包装及设计，而且要延伸到产品个性化销售和产品个性化服务理念。它是建立在完全满足顾客个性化要求基础上的产品，体现的是每位客户的个性而不是企业的个性。

（2）基于 PDM 的个性化产品配置设计。产品数据管理（PDM）是以软件技术为基础，以产品为核心，实现对产品相关数据（如材料清单、产品配置等）、过程（加工工序、使用权等）、资源一体化的集成管理技术。

PDM 支持制造企业从大批量生产向大规模个性化定制管理模式的变革。大规模个性化定制要求企业采用面向模型的设计方法，实现产品设计的模块化、系列化、参数化和标准化，具有快速产品定制和变形设计能力。PDM 提供可变产品结构模型和零部件族的管理能力，以及基于规则的产品配置、参数化模型驱动、产品配置快照管理、快速成本核算等手段，提高企业响应订单的速度。

（3）大数据环境下的个性化需求挖掘与分析。用户数据为在产品个性化定制服务平台（包括电商平台、O2O 平台、企业个性化服务平台等）及其他日常经营中产生和积累的与用户相关的交易、互动、观测数据，具有典型的大数据特征（体量大、类型多、速率快、价值高）。

大数据挖掘是一个知识自动发现的过程，在无明确的目标下从不同数据源获取数据，对数据进行预处理，并大量使用机器学习与人工智能算法对庞大的观测数据进行挖掘分析。

大数据为个性化商业应用提供了充足的养分和可持续发展的沃土，可为企业互联网提升网络服务质量、精准洞察客户不同的兴趣与偏好，做出针对个体消费者的需求预测，从而为他们提供专属的个性化产品和服务，建立差异化竞争优势。

4. 关于个性化定制服务的集成

个性化定制服务企业将研发设计、计划排产、柔性制造、营销管理、供应链管理、物流配送和售后服务等数字化制造系统集成起来，尽可能提高对客户需求的响应速度。

当前，大多数智能制造企业都是通过 PDM 进行集成的。在研发方面，PDM 是最好的集成平台，它支持分布、异构环境下的不同软硬件平台、不同网络和不同数据库，不同的 CAD/CAPP/CAM 系统可以从 PDM 中提取各自所需的信息，再把结果放回 PDM 中，从而实现无缝集成。在制造方面，PDM 是企业技术部门信息传递的桥梁，沟通了产品设计、工艺部门和 ERP 之间的信息，使 ERP 从 PDM 中自动得到所需的产品信息，ERP 也可通过 PDM 将有关信息自动传递或交换给制造系统。在企业运营的其他方面，PDM 电子资料库和文档管理提供了对多种数据的存储、检索和管理功能。PDM 作为连接多个不同领域的集成工具，确保整个企业中的有关人员在适当的时间以适当的形式得到适当的信息，从而保证在正确的时间利用正确的信息做出正确的决策。使用 PDM 进行企业信息化集成，可以有效地覆盖产品设计、工艺编制、技术配置、物资采购准备、工程配置、生产计划、作业计划、加工制造、产品装配、质量控制、组织发运、成本核算、应收应付账款等过程。

5. 关于面向 MC 的其他关键技术

（1）大规模个性化定制对制造系统的要求。首先，企业应加强信息基础设施建设，信息是沟通企业与顾客的载体，没有畅通的沟通渠道，企业就无法及时了解顾客的要求，顾客也无法确切表达自己需要什么样的产品。其次，企业必须具有柔性的制造系统。最后，大规模个性化定制的成功实施必须建立在卓越的企业管理系统上。

（2）制造系统模块化。与模块化的产品设计相似，模块化的生产单元具有标准的接口及良好的可替换性，当用户需求变化或出现意外故障时可以通过模块间的替换满足动态的需求变化，使制造系统具有柔性和快速响应的能力，从而满足大规模个性化定制的要求。模块化系统的优点在于提高了系统的可重组性和可扩展性，当产品类型变化时，通过更换相应的工艺模块调节系统的适应能力。

（3）动态组合的布局方式。大规模个性化定制制造系统除了包含传统的制造系统外，更重要的是保证制造系统的动态组合和调整能力，以满足大规模个性化定制要求的柔性和快速响应能力。为实现这个目标，要求制造系统在模块化的基础上考虑不同模块之间如何组合才能满足不同产品对制造系统的不同配置要求，是一种可动态组合的制造系统布局方式。

（4）柔性物流系统。物流系统可以传输任何体积、重量、形状的物品，不需要轨道，没有路线约束，提高传输速度，减少安装时间，增加智能化向导能力和自恢复能力。此外，先进的柔性物流系统通常具有开放的、可重组的、柔性的控制软件结构，可重组的硬件系统和可重组的软件系统的相互配合，形成了柔性的物流处理系统，为大规模个性化定制制造系统的物流处理提供了良好的基础。

（5）动态响应的控制结构。制造系统基本上有三种控制结构：集中控制结构、递阶控制结构和异构控制结构。其中，异构控制结构将系统分解成近似独立的实体，实体通过预先定义的通信接口进行合作。实体间消除主从关系，具有局部自治性，系统构型对实体是透明的，实体需要与其他实体合作。在异构控制结构中，每一个实体具有的高度自治性可以快速响应环境变化，大规模个性化定制生产由于订单到来的随机性，要求控制系统具有动态响应的特点。

（6）减少生产准备工作。减少生产准备工作是大规模个性化定制生产的重要前提条件，减少生产准备工作的方法如下：把零件分发到所有需要使用的地点，以减少零件的准备时间和批量；使用通用夹具或可以快速更换的夹具以减少夹具准备时间；将非柔性的零件合并为通用的、标准化的零件；通过柔性的程序控制；减少各种人工准备。

（7）基于虚拟工厂的制造系统规划环境。在虚拟环境中，通过仿真实验模拟未来真实制造系统的布局和运行状态，全面考察制造系统的各种性能，在设计阶段及时发现并修改可能出现的问题。通过建立虚拟工厂可以验证并优化制造系统的各种参数，包括模块化系统之间的接口、布局、物流、控制策略等，因此虚拟工厂技术就成了大规模个性化定制制造系统规划不可缺少的工具。

（8）3D打印。3D打印是一种快速成型技术，是一种以数字模型文件为基础，运用粉末状金属或塑料等可黏合材料，通过逐层打印的方式来构造物体的技术。3D打印技术具有按需制造、减少废弃副产品、材料多种组合、精确实体复制、便携制造等多种优势。这些优势可以降低约50%的制造费用，缩短70%的加工周期，实现设计制造一体化和复杂制造，不会增加额外成本，反而大大降低生产成本。另外，3D打印技术的个性化、复杂化、高难度、制造快速的特点，使制作生产过程更加柔性化的同时，还能够满足消费者的多元化需求，提供高效便捷的个性化定制服务。同时，消费者也可以参与到产品设计的环节中，从而增加对购买的依恋感，提高客户的满意度。

1.4　大规模个性化定制模式案例

1.4.1　青岛红领案例

青岛红领集团有限公司自2003年起坚持创新创业，依托大数据、互联网、物联网等技术支撑，专注于服装规模化定制全程解决方案的研究和试验，经过12年的积累探索和2.6亿元的持续投入，形成了独具特色的"红领模式"：以满足全球消费者个性化需求为导向，以"互联网＋工业"为思路，运用"C2M（消费者驱动工厂定制）＋RCMTM（红领个性化定制）"模式，进行客户个性化定制产品的工业化规模生产，搭建起消费者与制造商的直接交互平台——C2M平台，通过对业务流程、管理流程的全面改造，建立柔性和快速响应机制，实现个性化手工制作与现代化工业生产的完美协同，以及实体经济与虚拟经济的有机结合。这种革命性的系统创新，蕴含着新思维、新组织、新业态、新市场和新运用模式，颠覆了传统的工业生产方式，催生出一个崭新的"互联网＋工业"时代。

1. 数据驱动的智能工厂

红领智能数字化工厂主要由ERP、SCM、APS、MES、WMS及智能设备系统组成，实现了订单信息全程由数据驱动，在信息化处理过程中没有人员参与，无须人工转换与纸质传递，数据完全打通，实时共享传输。

（1）APS。APS通过与ERP、OMS、WMS及MES的集成，实现了订单自动分派与实时滚动排程。系统通过面辅料、体型特征、客户信息、订单交期、工时平衡等众多规则的优化，实现工序流自平衡、订单自优化、交期自排定，提升生产效率，缩短制造周期。

（2）MES。MES实现了工业流水线的数据驱动，每一个员工、每一台设备都通过MES的指令"在线"工作，实现个性化定制产品全生命周期的单件流管理、制造全流程零占压、计划精细化自主管理和点对点的预警驱动，对应源点目标系统自动协同，驱动资源给予满足，实现个性化定制产品价值链源点的最大价值管理，提高价值链条响应的时效性。

（3）WMS。WMS（仓库管理系统）的管理范围为面辅料超市与成品仓库。面辅料超市的功能在于实现了面辅料的收货与质检、上架、下架、中转、发料、盘点、退货、补料的自动化，并通过RFID卡来全面管理物料状态、库区、货位、库位；成品仓库的功能在于实现了自动分拣、自动配对、自动包装与快递系统无缝对接。

（4）智能设备系统。基于MES、WMS、APS等系统的实施，通过信息（数据）的读取与交互，系统与自动化设备相结合，促进制造自动化和流程智能化。通过 AGV、智能分拣配对系统、智能吊挂系统、智能分拣送料等系统的导入，实现了整个制造流程的智能循环；通过智能摘挂与上挂系统、线号识别系统、智能取料系统、智能对格裁剪系统等的导入，实现了整个制造流程的智能化。

2. 个性化的产品大数据

（1）模块化设计。在过去的 10 多年中，红领积累了超过 200 万名顾客个性化定制的版型数据，包括版型、款式、工艺数据，如各类领型数据、袖型数据、扣型数据、口袋数据、衣片组合等各种设计元素。目前，红领的个性化定制系统中有超过 1 000 万亿种设计组合和 100 万亿种款式组合可供选择。定制产品的品类包括男士正装如西服、西裤、马甲、大衣、风衣、礼服、衬衣，女士服装如西服、西裤、大衣、风衣、衬衣，童装如西服、西裤和衬衣等。可定制的参数包括驳头、前门扣、挂面形式、下口袋等，一共有 540 个可定制的分类、11 360 个可设计的选项；有 19 个量体部位、90 个成衣部位、113 个体型特征可定制；有 1 万多种可选择面料，并支持客户自己提供面料全定制。

（2）个性化产品的智能研发。西装数据建模打版的过程涉及很多细节，一个数据的变化会同时驱动 9 666 个数据的变化，相互之间是强连接关系，由此才能确保衣服贴身合体。西装生产过程划分为 300 道工序，每一个工位只负责一道工序。通过智能化改造，在工厂的每一个工位配备一个计算机终端，保证每道工序都可以获取订单的个性化信息。

先进的个性化产品智能研发系统含有服装版型数据库、服装工艺数据库、服装款式数据库、服装 BOM 数据库、服装管理数据库与自动匹配规则库，使得产品的裁剪裁片、产品工艺指导书、产品 BOM 均由系统智能生成。基于数据库的运算模型及顾客身体数据进行计算机 3D 打版，将采集的顾客身体 18 个部位的 22 个数据，在一分钟内进行数据建模，形成专属于该顾客的数据版型，再将成衣数据分解到一道道具体的工序，跟随电子标签流转到生产车间每道工序的计算机识别终端上进行加工，从而减少人工错误，提高产品的设计研发速度。

3. 企业电子商务平台

红领电子商务平台建设有 C2M 电商平台及线下服务体验平台——Cotte 服装定制创业平台。C2M 电商平台和线下 Cotte 服装定制创业平台均建立在 PLM 系统之上，平台总体架构为终端用户提供以客户为中心的业务模式，涵盖量体、下单、制造、服务全流程体验。

4. 经验与启示

以消费者需求为导向的个性化定制将成为必然趋势，国内外服装、鞋帽、家纺及其他行业定制市场巨大，仅国内定制西装的市场规模就不低于 6 000 亿元，红领为传统工业转型升级提供了实践模板和解决方案，经验和启示如下。

（1）创建完全由数据驱动的"3D 打印模式"。

（2）打造个性化定制大规模工业生产方式。

（3）信息化和工业化深度融合。

（4）创新产业业态和企业运营模式。

（5）开创直接快捷的市场体系。

1.4.2 维尚家具案例

维尚集团在国内创新地提出数码化定制概念，拥有世界先进的3D虚拟设计、3D虚拟生产和虚拟装配系统，2006年斥巨资打造的基于数字条形码管理的生产流程控制系统是可达"秒"级的加工控制系统，"全屋家居大规模个性化定制"被列为工信部2016年"智能制造试点示范项目"。

维尚推出的"全屋家居大规模个性化定制"，以开放、自由的设计理念，迎合现代人简洁、健康的消费心态，坚持走差异化、个性化的定制路线，即根据客户的个性化需求进行设计生产，并由最初的衣柜、书柜定制发展到全屋家居定制，改变了传统的家装和家具购买方式，使耗时、耗力、耗钱、影响环境、装修结果无法控制的家庭装修工作变得方便、放心、快捷和可控制，同时也减少了不必要的社会矛盾，顺应了家具市场的发展潮流和趋势。

1. 构建个性化定制平台，实现客户定制的设计生产模式

个性化定制平台具备体验设计、渠道设计、线下上门服务、生产流程设计、设计知识管理、商业模式和新业务流程管理等多种功能，分为门店模式和在线经营模式。门店模式是根据产品材质、造型色彩等特点，用店面配备的方案设计系统与顾客现场进行数码化沟通，直观查看产品的空间布置效果，自由选择搭配，让客户彻底打消疑虑，开拓全新签单模式。此模式主要有上门量尺、方案设计、设计师修改、确定方案等环节。在线经营模式是通过维尚家具新居网和维意定制平台，消费者可进入卧房、青少年房、厨房等"空间分类"网页，针对每一类空间中的家具产品，在其所有特征维度及参数空间上显示偏好，构建消费者个性化需求、个性化与同质化需求的筛选与数据建模、数据累积过程、生产过程等方面的类似机制。通过与配套供应商合作，进行床、沙发、电器等家居配套品的销售，逐步实现真正的全屋家具定制。

由以上两种模式可知，维尚客户定制的整个流程由线上和线下两个渠道构成。在一些细节上采用网络渠道与顾客交互，而在另一些环节上则采用与顾客面对面的方式交互，也可以在个别环节上同时利用两种渠道与顾客交互。设计流程如下：

（1）顾客通过网络渠道搜索产品信息。

（2）服务全流程大数据采集并进行方案匹配。

（3）免费上门量房、现场设计。

（4）设计师了解顾客需求。

（5）订单生产过程及售后。

2. 家具生产信息化与自动化，实现大规模个性化定制产品生产

从产品设计、工艺设计、销售门店方案设计、生产制造、设计安装服务到供应链管理体系全流程，利用信息技术独创的大规模个性化定制技术进行产品生产，为客户提供家居空间完全个性化家具定制。通过"网上订单管理系统"将全国各地专卖店的订单集中到总部，计算机系统将订单拆分，并由唯一的条形码进行识别，然后将拆分的部件进行批量生产。整个过程采用数码化的生产模式，每块板件都有条码，每台设备都由计算机控制，各环节高度配合，工人只需按照机器指令操作，使原本的生产程序变得简单高效，从而以大规模生产的成本和速度来实现多样式、个性化的定制生产。实现方式如下：

（1）智能拆单平台实现产品系列的信息化。

（2）电子锯信息化改造实现精准排料。

（3）CNC 信息化改造全面提升数字设备产能。

（4）分拣分包系统提高包装效率。

（5）全程使用标签标志实现高效排料及过程监控。

（6）混合排产系统实现混流生产。

（7）协同设计平台完善家具产品和空间解决方案。

（8）产品信息追溯系统实现产品追溯信息的动态查询及产品质量追溯信息的系统采集。

3. 智能立体仓库

大型智能立体仓库及控制中心对采购、生产、配送等生产流程进行整体调控和协调，打造"智慧"物流中心。智能立体仓库由高层货架、堆垛机、输送机系统、EMS（电动自行小车输送系统）、穿梭车、机器人系统、自动分拣系统、自动引导小车、专用物流设备和计算机监控管理系统等组成，实现搬运和存取机械化、自动化及储存管理系统的信息化。

4. 经验与启示

维尚成为"家具大规模个性化定制生产"先进模式的现代化家具服务企业，最大限度地根据消费者个性化需求提供"一对一"的完全私人定制产品及服务，实现了单件小批量和大规模个性化定制生产的完美结合，极大地拓宽了原有的销售渠道和营销模式，实施经验与启示如下：

（1）坚定不移地实施信息化与工业化融合。

（2）大力推广基于互联网的 C2B 和 O2O 商业模式。

（3）不断加大创新投入和推进智能化改造。

（4）创新发展理念实现从家具制造业向家具服务业转型。

（5）创新商业模式扩大和创造新的市场需求。

（6）创新信息技术提升企业的核心竞争力。

第 2 章

智能制造教学工厂构想

2.1 项目背景

2.1.1 企业需求

我国制造业现状是"2.0 补课、3.0 普及、4.0 示范"。

（1）2.0 实现"电气化、机械化"。使用电气化和机械化制造装备，但各生产环节和制造装备都是"信息孤岛"，生产管理系统与自动化系统信息不贯通，甚至企业尚未使用 ERP 或 MES 系统进行生产信息化管理，我国许多中小企业都处于此阶段。

（2）3.0 实现"自动化、网络化"。使用网络化的生产制造装备，制造装备具有一定智能功能，采用 ERP 和 MES 系统进行生产信息化管理，初步实现了企业内部的横向集成与纵向集成。

（3）4.0 实现"数字化、智能化"。适应多品种、小批量生产需求，实现个性化定制和柔性化生产，使用高档数控机床、工业机器人、智能测控装置、3D 打印机、智能仓库和智能物流等智能装备，借助各种计算机辅助工具实现虚拟生产，利用互联网、云计算、大数据实现价值链企业协同生产、产品远程维护智能服务等。

我国实现智能制造，必须 2.0、3.0、4.0 并行发展，既要在改造传统制造方面"补课"，又要在绿色制造、智能升级方面"加课"。因此对于我国大多数制造企业而言，当前的急迫任务是实现传统生产装备网络化和智能化的升级改造、生产制造工艺数字化和生产过程信息化的升级改造。但是，不同行业、不同企业的产品，生产特点、需求等差异巨大，企业从自身出发，以提升企业竞争力为目的，根据企业的业务流程和特点，结合智能领域内的先进设备、软件、系统集成等供应商的意见和建议，制定最符合企业客观需求的方案，不断培育主要行业的数字化"母工厂"，逐步形成行业的智能制造整体解决方案。

2.1.2 政府引导

2013 年以来，习近平总书记曾先后指出，"我们这么一个大国要强大要靠实体经济，不能泡沫化"，"深入实施创新驱动发展战略，增强工业核心竞争力"，"推动中国制造向中国创造转变、中国速度向中国质量转变、中国产品向中国品牌转变"。

2015年3月5日，李克强总理在政府工作报告中指出，要实施"中国制造2025"，加快从制造大国转型制造强国。5月8日，国务院部署了"中国制造2025"战略，其核心为智能制造，智能制造的特征为产品智能化、生产方式智能化、服务智能化、管理智能化和装备智能化。

2015年11月10日上午，中共中央总书记、国家主席、中央军委主席、中央财经领导小组组长习近平主持召开中央财经领导小组第十一次会议，研究经济结构性改革和城市工作。2016年1月26日中央财经领导小组第十二次会议，习近平总书记强调，供给侧结构性改革的根本目的是提高社会生产力水平，落实好以人民为中心的发展思想。2016年1月27日，中共中央总书记、国家主席、中央军委主席、中央财经领导小组组长习近平主持召开中央财经领导小组第十二次会议，研究供给侧结构性改革方案。2017年10月18日，习近平总书记在十九大报告中指出，"深化供给侧结构性改革。建设现代化经济体系，必须把发展经济的着力点放在实体经济上，把提高供给体系质量作为主攻方向，显著增强我国经济质量优势。"2018年12月21日闭幕的中央经济工作会议认为，我国经济运行主要矛盾仍然是供给侧结构性的，必须坚持以供给侧结构性改革为主线不动摇，更多采取改革的办法，更多运用市场化、法治化手段，在"巩固、增强、提升、畅通"八个字上下功夫。

工信部（工业和信息化部）2015年3月18日公布《关于开展2015年智能制造试点示范专项行动的通知》，提出2015年启动超过30个智能制造试点示范项目，2017年扩大范围，在全国推广有效的经验和模式。2016年3月31日，工信部印发了《关于开展智能制造试点示范2016专项行动的通知》，并下发了《智能制造试点示范2016专项行动实施方案》，在总结2015年实施智能制造试点示范专项行动的基础上，继续组织实施智能制造试点示范2016专项行动。为贯彻落实《中华人民共和国国民经济和社会发展第十三个五年规划纲要》《中国制造2025》（国发〔2015〕28号）和《国务院关于深化制造业与互联网融合发展的指导意见》（国发〔2016〕28号），工信部和财政部联合制定了《智能制造发展规划（2016—2020年)》（以下简称规划）。《规划》指出，2025年前，推进智能制造发展实施"两步走"战略：第一步，到2020年，智能制造发展基础和支撑能力明显增强，传统制造业重点领域基本实现数字化制造，有条件、有基础的重点产业智能转型取得明显进展；第二步，到2025年，智能制造支撑体系基本建立，重点产业初步实现智能转型。《规划》还明确，围绕新一代信息技术、高档数控机床与工业机器人、航空装备、海洋工程装备及高技术船舶、先进轨道交通装备、节能与新能源汽车、电力装备、农业装备、新材料、生物医药及高性能医疗器械、轻工、纺织、石化化工、钢铁、有色、建材、民爆等重点领域，推进智能化、数字化技术在企业研发设计、生产制造、物流仓储、经营管理、售后服务等关键环节的深度应用等。

2.1.3 职业教育需要

随着产业革命的革新，企业所需高端技术技能人才发生变化，人才需求的变化倒逼职业教育的创新发展，职业教育的创新驱动发展包含了需要与智能制造产业链相匹配的智能制造实训设备。以往职业院校的实训设备不能匹配智能制造产业链。例如：①很多学校的机械工厂采用单台的传统车床、磨床或档次较高的数控机床；②很多学校的自动化生产线采用仿真的、模块式的柔性生产线实训系统；③很多学校的实训设备并不能提供真实的产品给学生等。因此，职业技术学校很有必要重新建立智能制造实训基地。无锡职业技术学院投资6 500余万元，建成了基于工业物联网技术，集研发、生产、教学于一体的智能制造工程中心，实现了设计数字化、装备智能化、生产自动化、管理网络化和商务电子化"五化融合"。基于信息技术与制造业深度融合培养技术技能人才，开展技术研发和社会服务，为区域经济社会发展和产业转型升级提供人才支持和技术支撑。湖南工业职业技术学院和武汉华中数控股份有限公司共同投资4 200万元新建的实训中心占地面积2 200平方米，分为智能产线加工区、多轴加工区和高速高精加工区。其中，智能产线加工区拥有1条智能产线，主要包含8个智能生产单元、10套机器人实训教学单元和5套机器人拆装实训鉴定平台，能完整完成产品生产制作环节，在该校教学中主要承担机器人编程操作、机器人拆装、智能产线运营、智能产线装调、数控机床运维、物联网实训、MES系统操作、计算机视觉识别等实训。

2.2 建设目标

基于以上背景，湖南机电职业技术学院采用"工业4.0"先进理念，打造基于大规模个性化定制的互联网时代新型商业模式的教学工厂，主要包括以下方面。

1. 个性化的平面金属薄板饰件

学生、老师及社会消费者通过计算机或手机等终端设备在线自主选择产品型号，添加个性化签名，实时下单，订单实时传到智能制造教学工厂。

2. 工业、商业和教学研究一体化

客户需求与工厂通过互联网打通，形成一个完全以客户为中心的生态圈。顾客对个性化定制产品的需求直接通过终端设备下单，制造工厂接收订单，直接开展定制产品的生产。不同专业的学生和老师可以围绕智能制造教学工厂进行学习、教学、研究和创新创业等活动，如产品的数字化设计、机床改造、电子商务等。

3. 数字化智能工厂

从前端客户需求的采集到需求的传递、需求的满足，包括跟踪，全程都是由数据驱动的，实现了用工业化手段和效率进行个性化产品的批量生产，从产品定制、制造工艺、生产流程到物流配送等全过程数据化驱动跟踪和网络化运作。

2.3　解决方案

1. 总体思路

湖南机电职业技术学院智能制造教学工厂不仅是单纯地希望以机器人、自动化设备等技术手段武装工厂，更是站在消费者的角度，将消费者的需求作为智能制造的最高标准，反向考量设计、生产、教学和研究等各个环节，同时兼顾湖南机电职业技术学院的"机电特色"，形成了大规模个性化需求定制的教学工厂。

在产品设计方面，以面向模块化设计为核心，建立产品族，构建"平台 + 模块"的产品结构，同时增加消费者个性化签名要求，满足消费者个性化定制需求。

在产品制造方面，以先进制造为方向，运用信息化生产系统、柔性生产模式、智能装备等工具，以用户可接受的交货周期和成本实现大规模个性化需求定制。

在教学研究方面，学生和老师了解智能制造系统的基本组成和基本原理，体会"工业4.0"理念，全面掌握智能制造专业群课程结构和体系；促进学生在机械设计、机械加工、电气自动化、自动控制技术、机器人技术、计算机技术、通信技术、传感器技术和电子商务技术等方面的学习，并实际训练学生的机械设计与加工能力、PLC控制系统的设计与应用能力和高级语言编程能力等；激发学生的学习兴趣，综合提高智能制造专业群学生的设计、装配、调试和维护等方面的能力，最终使学生和老师具有智能制造系统的技术集成和应用开发能力。

在"机电特色"方面，根据智能制造教学工厂打造专业集群，即智能控制技术专业群、智能制造专业群和智能服务专业群，充分围绕湖南机电职业技术学院"机"和"电"两方面做文章，对接先进装备制造业中的智能制造装备产业、产品和现代生产性服务业。

2. 解决方案

客户通过客户端订单平台，选择个性化模块，进行个性化参数设计，实现快速化产品定制，如图 2 - 1 所示。精准管控从客户需求、销售订单、采购、制造到发货的整个价值链流程，每个产品型号以数字化的形式贯穿产品生命周期，从原材料、产品生产、包装到出货全过程质量追溯。通过 AGV（无人搬运车）和立体仓库，高效进行生产资源的物流调度和资源配置，生产流程如图 2 - 2 所示。

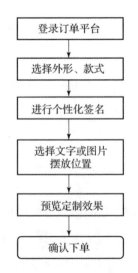

图 2 - 1　用户定制流程

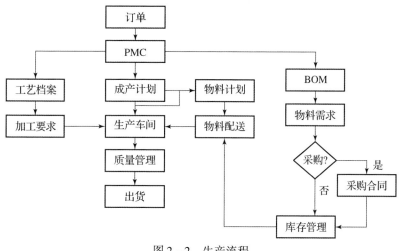

图 2 - 2 生产流程

2.4 实施内容

1. 构建以 CPS 为核心的智能工厂

湖南机电职业技术学院智能制造教学工厂并不是单纯的信息化和自动化项目，而是整个生产体系的智能集成，其目标是实现"人、系统、设备、工件和网络"的集成及智能交互。"智能工厂"重点实现智能化生产系统及过程、网络化分布式生产设施、生产设施（机床、自动线、机器人、AGV、测量测试等各种数字化设备）的互联互通及智能化管理，实现信息技术与物理系统的深度融合，而正在实施中的设备联网与数据采集系统是其重要基础；"智能生产"重点通过构建及应用 SCADA 对计划下达及执行、制造资源管理、生产物流管理、人机互动等生产过程实施智能管控。

（1）智能计划。智能计划是实现大规模个性化定制 MC 业务模式的基础，也是以建立智能工厂为依托、实现智能制造的瓶颈。通过集成一体化的计划体系，借助智能排产软件科学合理地进行生产作业的优化排产，并根据计划执行差异的反馈，实现对生产作业任务的动态调度。

（2）智能设备。通过引进开发高度自动化的加工中心，提高加工工序的集成度及品质的可靠性，辅助自动化设备减少低附加值的工序及具备自动控制和通信一体化的智能生产线等，从工序环节提升制造能力，在有限资源投入的情况下实现效率和质量的大幅提升。

（3）智能生产。通过建立车间级别解决能力实时获取生产运营动态信息，提高工厂的反应敏捷度和效率。建立以 SCADA 为中心的生产管理平台，通过计划驱动实现"人、机、料、系统"的实时信息交互，打造可视化的现场，确保现场的管理效率。

（4）智能物流。通过柔性的物流自动化系统实现物流需求的推拉结合，统筹调度生产线的忙闲时间，保证自动线供料的连续性及可用性，最大化地提高生产设备效率。作为生产计划的执行系统，通过物料自动化运送，实现加工单元、机台间和存储系统的动态、柔性连接，通过生产进程动态数据跟踪，最大化地确保生产效率，实现快速交付。

2. 构建个性化定制平台，实现客户定制的设计生产模式

采用模块化设计，形成各种设计参数的模块化数据库，引入客户个性化签名，满足客户的个性化需求。客户通过客户端软件进行模块化选择、组合及个性化签名，实现客户一键下单功能。通过系统自动完成建模，客户将订单系统下达的订单同步到智能生产工厂，通过中央控制系统对客户的订单进行智能排产，实现客户个性化订单产品定制、生产、质量及服务的全流程可视。

第 3 章

智能制造教学工厂总体设计

3.1 功能确定及总体设计思想

3.1.1 功能需求分析

在学校建立既以教育为主，又以实际生产为主的智能制造教学工厂，怎样才能更适合、实用，是本设计要考虑的重点；有针对性、有目的地设计智能制造教学工厂是本设计的亮点。

考虑到此工厂以教育为主，设计以工艺品柔性化生产、个性化定制为主的智能产线（工艺品样式多种可选），耗材为不锈钢或金属板材，运行成本相对较低。

智能产线可定制各种含有学校特定标志（LOGO）的工艺品，既可以作为礼品赠送，也可以达到对学校形象的宣传效果，还可以奖励给优秀学员留作纪念。通过订单系统对所需生产的工艺品进行个性化编辑，真正成为一个柔性化的、可定制的智能工厂。智能制造教学工厂技术要求如表 3-1 所示。

表 3-1　智能制造教学工厂技术要求

序号	技 术 要 求	
1	基本概况	面积 300 m²、生产线一条、工位数、多媒体投影系统
2	生产线工作站	包含 6 个工作站：加工站 1（激光切割）、加工站 2（数控精雕机）、加工站 3（平面磨床）、加工站 4（喷砂抛丸）、清洗烘干、包装码垛站和主控单元（包括 1 个工业机器人工作站，2 个 SCARA 机器人工作站，3 个数控加工工作站，1 个直角坐标型机器人搬运站）
3	工业机器人工作站及配套控制系统	包含 6 轴通用工业机器人本体，工作直径 1.5 m 以内，有效负载小于 10 kg，包含控制器及电缆、示教盘（附带 10 m 电缆），具有中文操作界面、总线控制、数字式直流 24 V（16 进/16 出）、输入/输出信号板、编码器接口单元、配套技术资料和软件、机器人 PC 控制箱和触摸屏

续表

序号		技 术 要 求
4	数控加工站及配套控制系统	数控机床（含气动门、夹具）、PLC 控制柜（带触摸屏）
5	数控加工站及配套控制系统	SCARA 机器人工作站：4 轴通用 SCARA 机器人，有效负载小于10 kg，行程有 600 mm 和 400 mm 两款，包含控制器及电缆、中文操作界面、总线控制、数字输入/输出信号板、配套技术资料和软件、夹具、机器人 PLC 控制箱和触摸屏
6	直角坐标型机器人搬运站	3 轴通用直角坐标型机器人，全伺服驱动，滚珠丝杠运动模组，配套 PLC 控制箱和触摸屏，带夹具，中文操作界面
7	传送检测装置和安全装置	传送装置按自动线需求配置，形状非环形。配套支架和辊轴、托盘等，主控单元 PLC 控制系统（不配备 RFID 物流检测系统），变频器驱动系统及控制箱（带触摸屏）。机器人视觉识别系统 1 套，配套安全防护栏和防护光栅等
8	配套设施	工具台架：配套工具、仪表、工具台、工具柜，面积 10 m²
9	主要功能	满足工业机器人技术等专业的工业机器人集成与应用课程、毕业设计等课程教学需要 满足社会学习者对工业机器人科普教育的需要 推广工业机器人应用技术，满足企业对工业机器人在不同行业应用方案参考示范的需求

由于工艺品可以多样化、定制化，本系统设有移动终端接口，采用 WiFi 通信方式，使用者可通过自己的移动终端与系统主机连线，定制独具特色的工艺品。

3.1.2 总体设计思想

智能工厂采用模块化整体布局，如图 3-1 所示，智能工厂配置五大模块系统，分别为客户端、生产管理系统、网络通信系统、现场控制系统、现场监控系统；根据制程需求制定三大功能模块区域，分别为原材料仓库、成品仓库、自动化生产线；根据产品加工工艺设置6 个独立加工工作站，分别为激光切割机、数控精雕机、双端面磨床、清洗烘干机、喷砂抛丸机、码垛打包机；以衔接各区域及加工工作站为目的，设置 AGV、多关节工业机器人、直角机器人、SCARA、输送机等搬送工作站；以产品定位、质量检测为目的，设置 CCD 视觉检测系统。智能产线直线型整体布局如图 3-2 所示。

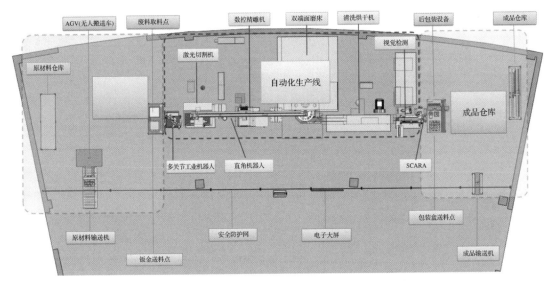

图 3-1　智能工厂整体布局

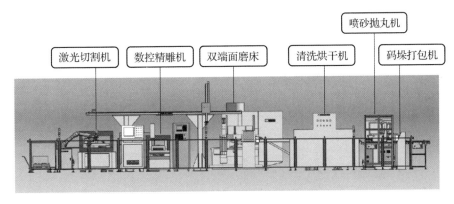

图 3-2　智能产线直线型整体布局

如图 3-3~图 3-5 所示，规模化、定制化产品智能制造教学工厂配有数控切割机、数控精雕机、数控精密磨削机、喷砂抛丸机、清洗烘干机，还配有自动视觉检测系统，完成上下料、物料传送及打包的各种各样的智能机器人，装有 APP 软件的移动终端和工业控制计算机，可实现一定规格制品的批量自动生产，也可实现一定规格范围内的个性化定制。通过互联网络的高度集成，智能制造教学工厂可以远程操控订单、远程读取设备信息、远程监视现场画面，以及实现从原料到成品的无人自动化生产，客户通过手中移动终端的 APP 平台柔性定制金属片状工艺品，通过网络系统监控中心接收订单，并将订单下发给柔性生产线各现场设备，片刻之后客户即可获得自己的个性化产品。

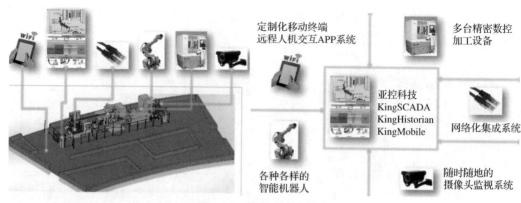

图 3-3　智能工厂有什么

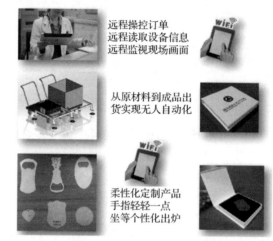

图 3-4　智能工厂能干什么

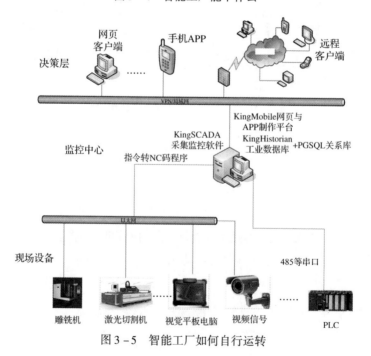

图 3-5　智能工厂如何自行运转

3.2 总体方案设计

总体方案设计是项目的实施框架，在项目需求调研完成、大体思路形成后，首先进行系统总体方案设计，制定框架，为下一步机械、电气、软件设计提供指导和方向。

就智能工厂而言，生产方式是流程型还是离散型，自动化、信息化、柔性化需求程度有多高都是系统总体方案设计的关键。

本项目聚焦在机加工领域的智能工厂构建，既要有各类数控加工设备及其集成的教学培训需求，又要有无人化、信息化、个性化、网络化的概念需求，并且要真正具备生产能力，根据这些需求，智能工厂总体框架设计如图3-6所示。

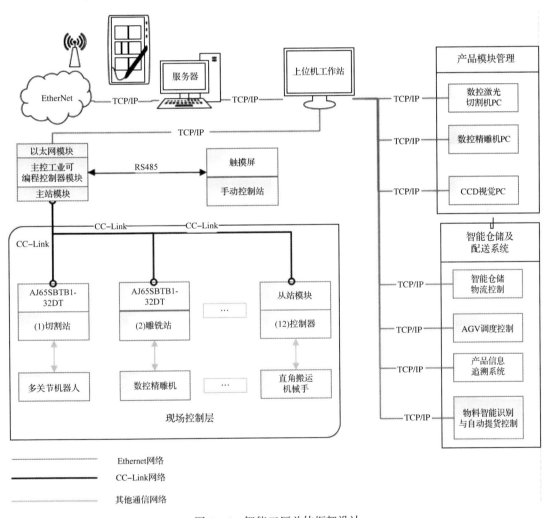

图3-6 智能工厂总体框架设计

大规模个性化、定制化智能工厂体现制造业数字化、网络化、智能化的特点，是一种产业模式创新共性使能技术开发，构建智能企业的规模定制生产方式，反映制造业的新生产模式和产业形态；大规模个性化、定制化智能工厂也是智能制造教学工厂，可以满足机电类、计算机类和电商类师生进行教学、教研和科研活动的需要，以及应用技术开发和社会服务，从而为区域经济社会发展和产业转型升级提供人才支持和技术支撑。

3.2.1 机械方案设计

在系统总体方案、框架规划、产品定位等基础上展开机械方案设计，即产品设计和工艺流程设计。

1. 产品设计

产品是智能工厂形成的载体，是贯穿整个系统的纽带。产品设计除了要有满足自身应用的功能特征，在智能工厂整个流转过程中还应设计辅助特征，在柔性生产模式下还应设计共性特征及唯一识别特征。

（1）产品功能特征。产品功能特征一般由客户根据实际用途进行设计，智能工厂对产品功能定位是平面型工艺品，类似徽章、标牌吊坠、起瓶器等，如图3－7所示。作为工艺品，产品功能特征在于美观性、观赏性、纪念性、个性化等，这是产品功能设计的重点。从个性化出发，为客户设定多种外形、多种刻图的基础库，同时也支持客户脱离基础库自行设计外形及刻图，如图3－8所示。另外，还提供自由排版、实时签名等高端功能，更大自由度地体现产品个性化，如图3－9所示。

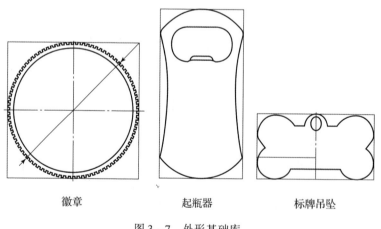

徽章　　　　　　　　起瓶器　　　　　　　标牌吊坠

图3－7　外形基础库

（2）辅助特征。设计辅助特征是为了保证每个工艺及流转环节都能对产品进行基准统一的定位，减少工艺流转时精度流失。有时产品自身功能的某些特征也可作为辅助特征使用。

从设计产品来看，为确保在流转过程中统一抓取基准与加工基准，难点有二：①产品特征尺寸各不相同，较难寻找共性特征；②产品为工艺品，不允许增加打孔等辅助特征，即除了外形没有可参考的基准。

图 3 - 8 刻图基础库

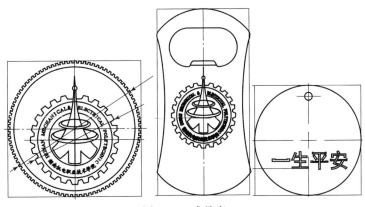

图 3 - 9 成品库

当外形成为参考基准，为了减少寻位、定位，可将外形基准转化为中心基准。简单来说，从初始位置设备开始统一抓取基准和加工基准，以产品中心为基准传递抓取、加工基准。因工艺品加工位置精度要求不高（大约≤0.5 mm），理论上每传递一次，精度会流失0.1 mm，为保证整体精度≤0.5 mm，最多可传递5次。在整体工艺流程的设计上，只要保证传递次数少于5次，就可以实现整个传递过程和加工过程。

假设每次加工偏移基线偏移量≤0.1 mm，如图3 - 10所示。经过两次传递后，实际图形比理论图形的偏移量不大于0.1 mm，经过五次传递，其偏移量不大于0.5 mm，对工艺品来讲肉眼分辨不出0.5 mm偏差，且不影响整体观赏性，视为合格品，如图3 - 11所示。

（3）共性特征及唯一识别特征。在柔性生产模式下，产品因特征多样外形可能有所差异，在工艺流转过程中为降低工装夹具开发成本及开发难度，需要根据产品大小或者复杂程度对其进行分类，每一类产品需考虑共性特征，使一款工装夹具能尽可能多地适应多款产品。

在柔性生产模式下，有的产品也会存在外形特征相同，仅细微有别或者加工精度分等级等情况。如果使智能工厂系统识别此类产品，则对视觉设备精度要求很高，有时甚至无法识别。如果在工艺过程中对产品进行唯一识别特征设计，则可以大幅降低系统规划成本，满足生产需求。

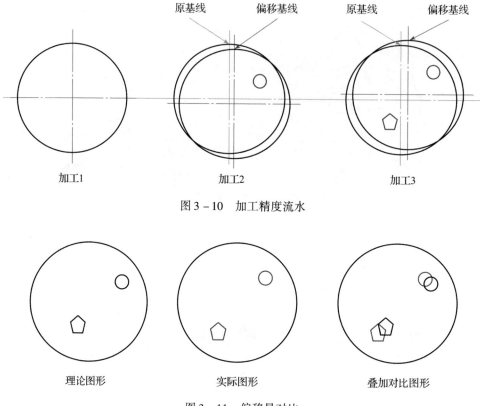

图 3 – 10　加工精度流水

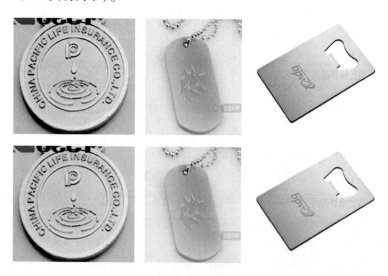

图 3 – 11　偏移量对比

作为一款个性化程度较高的产品，其本身具有唯一识别特征。对于本项目工艺品，其外形、刻图、排版、签名及这些特征的随机组合都可成为产品的唯一识别特征，如图 3 – 12 所示（以智能工厂加工实物为准）。

图 3 – 12　具有唯一识别特征的产品

总而言之，设计产品的关键要素在整个智能工厂规划过程中非常关键，需要在项目前期与客户讨论项目方案时，达成共识，得到认可。

2. 工艺流程设计

工艺流程设计分为加工工艺流程设计及自动化工艺流程设计两部分。

（1）加工工艺流程设计。在对加工工艺流程进行设计前，需反复熟悉技术图纸，解读图纸的三大要素：材料与处理、基准及公差、其他技术要求。

根据材料与处理，初步选定适合加工材料范围内的设备；根据基准及公差进一步分解工序，基本确定设备加工类型（车、铣、磨等）及设备精度；根据其他技术要求进一步修正选型。

在进行加工工艺流程设计时，需与客户深入交流，充分理解工件设计原理，吸取客户经验，降低设计风险。

根据产品设计所述，智能工厂提供平面型工艺品，主要加工内容包括外形、刻图、毛边、表面雾化。

①外形。二维封闭轮廓线，可选加工设备有激光切割机、线切割机等，因自动化需求程度较高，需选择上下料动作简洁、定位精度要求较低的设备，激光切割机是不错的选择；又因个性化需求程度较高，外形、大小各不相同，加工具有实时性，需选择可支持二次开发的设备品牌，如图 3 - 13 所示。

图 3 - 13　激光切割加工

②刻图。相同深度加工，可选加工设备有激光打标机、数控精雕机（图 3 - 14）等，两类机型都适用于自动化需求程度较高的场合。激光打标机加工速度很快，但加工深度较浅，效果单一；数控精雕机加工速度较慢，但可根据效果改变深度；可与客户进一步沟通进而选择加工设备。又因个性化需求程度较高，刻图各不相同，加工具有实时性，需选择可支持二次开发的设备品牌。

图 3 – 14   数控精雕机雕刻

③毛边。外形加工和刻图加工都会残留加工毛边，可选多关节机械手打磨，或者专业磨抛设备。多关节机械手打磨对夹具依赖性较高，需制作多款夹具，个性化需求较高场合满足实时轨迹打磨的可操作性较为复杂；专业磨抛设备对夹具依赖性不高，无须轨迹打磨，磨抛动作简单，更适用于自动化程度和个性化程度需求较高场合，如图 3 – 15 所示。

图 3 – 15   磨抛去毛边

④表面雾化。加工表面形成蚀印，可选喷砂机、抛丸机等，但它们都不适合自动化需求较高场合，需对设备进行自动化改造。从维护成本上考虑，喷砂机成本更低（图 3 – 16）。

图 3 – 16   喷砂加工

⑤其他需求。考虑到数控精雕机、磨抛机加工过程会造成工件表面残留细屑、加工液等，还需增加清洗、烘干工艺，可选一体集成设备，在线清洗、烘干，降低自动化需求成本，如图 3 – 17 所示。

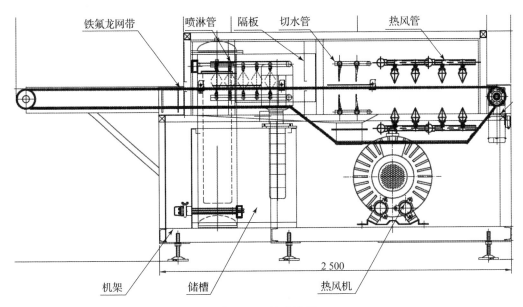

图3-17　清洗烘干

（2）自动化工艺流程设计。根据加工工艺流程，充分考虑上下料需求、搬送需求、在线检验需求、堆码需求、其他辅助需求、环境因素等，坚持闭环系统原则，自动化工艺流程设计才够全面。

各类需求也需要与客户进行沟通，结合客户其他需求及投入预算，制定进一步优化方案。

智能工厂为自动化需求达到无人化程度，需配备的自动化设备有立体仓库、无人搬送车、各加工设备的上下料机械手、在线检验、成品包装、人机交互窗口等模块，大部分设备根据客户具体需求进行配置。智能工厂一角见图3-18。

图3-18　智能工厂一角

①立体仓库。分为来料仓库、成品仓库。根据智能工厂规模和客户意见，适当减小规模，满足工厂需求即可，见图3-19。

图 3 – 19　立体仓库

②无人搬送车。AGV 技术比较成熟，根据客户定位需求，选择技术较新的激光式导航 AGV，其上定制搬送夹具，分别对应来料搬送和成品搬送，根据客户预算需求，将其合二为一，共用 AGV 及搬送夹具，从控制上区分功能，如图 3 – 20 所示。

图 3 – 20　AGV

③各加工设备的上下料机械手。根据客户需求，尽量涵盖通用机械手的各个种类，包括多关节机械手、直角机械手、平行机械手等，如图 3 – 21 所示。此外，对应上下料工件，还需定制搬送夹具。

图 3 - 21　各种机械手

④在线检验。产品为平面型工艺品，且个性化程度较高。品质要求更多的是外形是否正确、有没有缺陷、刻图是否正确、排版是否正确等。这类缺陷检查采用视觉系统进行快速判别，如图 3 - 22 所示。

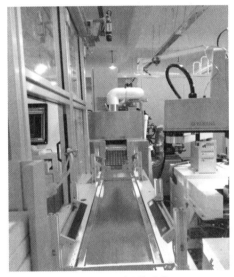

图 3 - 22　视觉系统

⑤成品包装。对加工完的成品进行打包。首先制定打包样式，然后根据样式开发包装设备，实现自动打包，如图 3 - 23 所示。基于个性化和不使系统过于复杂的要求，对各种大小、外形不同的产品设计通用打包样式。

图 3 - 23　打包系统

⑥人机交互窗口。人工完成来料补充、成品提货类操作，开发一种安全、可靠的人机交互窗口完成来料补充、成品提货，人机交互界面要求具有友好、提示信息易懂、按键功能明确、误操作禁止等功能（图3-24）。

图3-24　人机交互界面

3.2.2　电气控制方案设计

1. 电气控制系统功能及要求

智能制造是新一轮工业革命的核心技术，制造业数字化、网络化、智能化是"中国制造2025"的制高点、突破口和主攻方向，这就催生了生产模式由大规模流水线生产转向定制化柔性生产，工业生产现场柔性化程度越来越高。设计中电气控制系统遵循"集中管理、分散控制、资源共享"的原则，符合当前工业自动生产控制系统的发展趋势，能实现智能工厂工艺参数及设备运行的集中监测和生产过程的自动化控制。设计中既考虑操作、管理水平的先进性，又考虑高新技术应用的合理性、经济性，在保证生产管理要求的前提下，尽可能节约投资，获得良好的技术经济指标，并能保证系统长期、稳定、高效运行。

根据平面板件精加工智能化生产线的工艺要求，自动控制系统的基本设计目的是设计出一套由中央控制器、现场控制站和通信网络组成的控制系统。①中央控制器由工控机和定制开发的工业组态软件 KingSCADA 组成，利用 KingSCADA 组态软件对整个平面板件精加工智能化生产线工艺运作过程进行自动化监管，保证智能工厂稳定可靠运行。②现场控制站主要针对各加工单元和搬运单元进行生产控制和生产状态的监管，如上料单元是否存在原料脱落、各加工单元之间是否前后衔接等，现场级控制系统采用 CC - Link 集散式控制系统实现生产过程的闭环控制，提高了产品加工的效果和节能性。③产线工作模式可以分为"自动控制"和"现场手动控制"两种，正常情况下，以自动控制方式为主，但现场手动控制的优先级别是最高的，一旦出现意外情况，例如某些设备出现故障时，或者自动控制出现问题时，可及时关闭设备。④各个 PLC 分站与中央控制器之间采用 TCP/IP - MC 协议进行通信，保证整个智能工厂各个单元的有序运作。

平面板件精加工智能化生产线电气控制系统需达到以下要求：

（1）技术先进性。从网络结构上看，控制系统网络结构采用自动化领域国际最先进的以太网和分层分布式网络结构，控制室设有上位机监控、操作站。采用以 PLC 为控制站的计算机集散分布式控制系统，支持 TCP/IP、Modbus、CC－Link 总线等多种网络协议标准。面向未来易组网，标准网络接口，实时数据通信。以太网速度高，容错性好，互操作性强，配置灵活，方便扩展升级，系统可利用率高（大于 99.9%）。最底层控制网络采用CC－Link，其数据容量大，通信速度多级可选，而且它是一个以设备层为主的网络，同时也可覆盖较高层次的控制层和较低层次的传感层，而总线各子控制站采用日本三菱 PLC（可编程序控制器），便于与设备层控制系统组网；监控操作站使用工业控制计算机，配有操作、监视人机界面，采用全中文版工控组态软件，面向对象设计方法，逻辑严密，容错结构，避免误操作和异常引起故障。

（2）运行稳定安全可靠性。分散控制和集中控制相结合，切换灵活，加权操作，具有多重保护、报警联锁、紧急停车功能。开关柜采用电气、机械防误闭锁装置，抗干扰能力强，防雷、抗静电、抗辐射、电磁兼容性、浪涌、接地。保证系统 24 小时连续、安全、可靠、稳定运行。

（3）操作维护简便性。全中文的人机界面，功能完善切换简便，实时数据，CRT 画面更新时间小于 1 s，数据刷新时间小于 1 s。具有操作提示、在线帮助、故障自诊断和语音报警提示，以及数据管理、曲线自动生成、自动制表、统计查询和远程/自动/手动互锁功能，避免误操作。

2. 电气控制系统总体设计

在工业自动化生产领域，传统的自动化工厂向智能制造、智能工厂转化，智能工厂控制系统作为控制它运作的核心变得更加复杂、更加智慧。控制系统一般由 4 层构成，分别为设备层、现场控制层、车间层、企业层/协同层。

基于教学的智能工厂平面板件精密加工智能产线也按照上述方法分类。整个系统基本框架如图 1－1 所示。

（1）企业层/协同层。企业层整个控制系统具有丰富的通信接口，接入公网 IP 或将服务器移至阿里云，就可以实现企业层、客户、供应商任务的协同处理。

（2）车间层。在此层开发基于 CC－Link 和 EtherNet（以太网）的工业现场多总线混合分布式网络控制系统，实现设备接口标准和控制网络协议多样性条件下设备之间的信息交互与控制，在本控制网络中既通过各种高档数控机床、各种工业机器人、传送装置等设备来完成产品的生产加工，又通过手机 APP、立体原材料库、立体成品仓库、生产线物料智能配送模块、AGV、智能仓储物流管理软件等设备和系统来负责产线排产、产线监控、物流管理、智能配送。

为了解决这些不同设备、不同网络通信问题，开发基于 CC－Link 和 EtherNet 的工业现场多总线混合分布式网络控制系统，实现设备接口标准和控制网络协议多样性条件下设备之间的信息交互与控制。该控制网络既具有 CC－Link 网络的高速度、大容量、实时性、开放性、通信安全可靠、布线方便、成本低等特点，又可以通过 EtherNet 与其他系统及外网实现控制信息、实时数据传输、共享、存储及产线过程的控制。

在车间层还设置车间层控制中心，以操作监视为主要内容，兼有部分管理功能。这一层是面向系统操作员和控制系统工程师的，因此需要配备功能强、手段全的计算机系统，确保系统操作员和系统工程师能对系统进行组态、监视和有效干预，实现优化控制、自适应控制等功能，保证生产过程正常运行。

控制中心除可以迅速可靠、准确有效地完成对各机器人工作站和加工站的安全监视和控制外，还要完成对整个系统的运行管理，包括历史数据存档、检索、运行报表生成与打印、对外通信管理等。中心控制管理级主要完成对各机器人工作站和加工站的控制、操作显示及与管理站之间的通信。控制级计算机与现场控制箱通过网络进行通信。各机器人工作站和加工站采用就地分散控制和控制室集中控制相结合的控制方式。集中控制在中央计算机上操作，现场控制在就地控制箱上操作。

（3）现场控制层。现场总线层网络为实时控制，总控制器采用三菱工业可编程控制器。由于产线设备分散，既有欧系设备，又有日系、国产设备，因此上位机不可能直接和每个设备进行通信、信号互锁，可采用分布式 I/O 整合监控产线设备运行状态，收集实时及历史数据，并负责将这些数据发送给上位机即产线操作人员服务器。总控程序分为三个部分：

①通信处理：处理基于 CC - Link 的远程 I/O 及远程从站模块的通信参数和控制系统标签处理。

②报警处理：整合各个设备 I/O 信号，根据不同设备不同报警发出相应的报警信息及处理意见。

③订单预处理：订单数据包含产品加工信息。由于是定制的，每一个产品可能都不一样，订单预处理就是将这些信息传送给不同的设备进行加工。

（4）设备层。设备层指直接进行生产加工、存储、搬运的设备，属于最底层，最大特点是自身有独立的控制器，有比较独立完整的功能，离开生产线手动也可以控制其运行。如数控激光切割机、数控精雕机、AGV、成品仓库、搬运机械手等。在智能工厂中使用的设备最大特点是具有丰富的网络接口，便于整合进生产线中进行生产，便于数据的备份及生产状态的智能化监控。如数控精雕机，具有多个网卡，可以通过以太网随时接收上位机发送的加工程序数据。搬运机械手控制器具有 CC - Link、TCP/IP 通信功能及丰富的 I/O，便于产线联机对接。

设备层主要包括具有网络功能或 I/O 互锁功能的加工设备、搬运机器人、网络视觉系统等，具体设备介绍如下：

①智能激光切割机：它采用的控制软件是基于 Win7 系统的专业激光切割控制软件，与传统激光切割机相比，具有现场总线网络通信功能，可以通过移动终端、Web 客户端下载要切割的外形信息数据；可以完成对网络图形的智能切割排版，有效地利用原材料，节省成本；也可以远程控制切削加工，方便融入智能生产线。

②网络数控精雕机：它采用的控制软件是基于 XP 系统的专业数控雕铣软件，与传统数控精雕机相比具有现场总线网络通信功能，可以通过以太网接收来自上位机的 NC 加工代码，并且可以远程控制雕铣加工，可以与机械手信号互锁完成自动上下料等，方便融入智能生产线。

③智能高精度数控立式双端面磨床：它采用的控制系统是德国博世力士乐专用数控系统，它是一种开放式数控系统，不仅提供强大的网络通信功能，而且控制系统人机界面可以二次开发，便于在融入生产线后开发一些人机交互界面。

④全自动网络喷砂单元：该单元由全自动喷砂机、工业视觉系统、工业 4 轴机器人构成，可以实现不同产品的自动识别、双面喷砂工序。其中工业视觉系统、工业 4 轴机器人都具有网络通信功能，工业视觉系统可以接收来自上位机的产品信息，自动切换不同标定、作业（程序）完成定位及喷砂机上下料动作。

⑤全自动网络视觉检测包装单元：该单元由开关盒机构、工业视觉系统、工业 4 轴机器人构成，可以实现不同产品自动识别及不同图案的自动判断（OK/NG）。其中工业视觉系统、工业 4 轴机器人都具有网络通信功能，工业视觉系统既可以接收来自上位机的产品信息，又可以接收图案信息，进而判断每个订单的产品是否合格。

⑥高精度全局激光导航 AGV：该单元 AGV 由机械部分和电子部分组成。机械部分包括 AGV 本体、货叉、控制箱、驱动轮、从动轮、保险杠、电池箱和充电连接器。电子部分包括 AGV 控制器（CVC600）、伺服驱动器、位置控制及输入/输出单元（VMC20）、驱动单元、电源和传感器。

第4章

智能制造教学工厂设计－机械篇

4.1 加工单元选型

4.1.1 激光切割机选型

激光加工是指利用激光束投射到材料表面产生的热效应来完成加工过程，应用于激光焊接、激光切割、表面改性、激光打标、激光钻孔和微加工等。用激光束对材料进行各种加工，如打孔、切割、划片、焊接、热处理等。激光能适应任何材料的加工制造，尤其在一些特殊精度和要求、特别场合和特种材料的加工制造方面起着无可替代的作用。

1. 激光切割原理

激光器输出的激光束通过聚焦透镜组聚集于加工物体表面，形成一个细微的、高能量密度的光斑作用在物体表面，高能量光电熔融、蒸发金属材料，高压保护气体（N_2）挤压带走熔渣或助燃气体（O_2），助燃使作用点瞬间熔融能量加强，提高激光加工能力。

2. 激光加工基本设备

世界第一台 CO_2 激光切割机诞生于 20 世纪 70 年代。多年来，随之激光技术及数控技术的不断发展，激光切割技术已逐步发展成为一种先进的加工技术。应用也逐步渗透到科研、产业的各个方面，如汽车制造、航空航天、钢铁、金属加工、冶金等领域。而在国内外众多的激光切割机的品牌中，国外知名企业有德国 Trumpt 公司、意大利 Prima 公司、瑞士 Bystronic 公司、日本三菱公司等；国内如深圳大族、上海团结、苏州领创、武汉楚天、武汉华工、深圳迪能（主营灯泵 YGA 激光切割机）等。激光切割机的种类也从单一的 CO_2 激光切割机发展到灯泵 YGA 激光切割机、CO_2 激光切割机、光纤激光切割机等不同类型，功率从几十瓦到几千瓦不等，价格由几十万到几百万。

激光加工的基本设备包括激光器、激光电源、光学系统及机械系统等四大部分如图 4－1 所示。激光器是激光加工的重要设备，能把电能转化为光能，产生激光束。激光电源为激光器提供所需要的能量及控制功能。光学系统包括激光聚焦系统和观察瞄准系统，可以观察和调整激光束的位置。机械系统主要包括床身、能在三坐标范围内移动的工作台及机电控制系统等，是激光加工设备的支撑和运动控制机构。

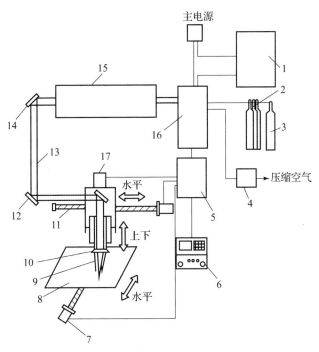

图4–1 激光加工设备示意图

1—冷却水装置；2—激光气瓶；3—辅助气体瓶；4—空气干燥器；5—数控装置；6—数控系统；7—伺服电动机；

8—切割工作台；9—割炬；10—聚焦透镜；11—丝杆；12，14—反射镜；13—激光束；

15—激光器；16—激光电源；17—伺服电动机和割炬驱动装置

3. 激光切割机分类与对比

激光切割机按功率大小可分为大功率激光切割机和中小功率激光切割机，大功率激光切割机可以切割 20 mm 甚至更厚碳钢，中小功率激光切割机主要切割 6 mm 以下的薄板。

（1）大功率激光切割机类型对比。主流大功率激光切割机对比如表4–1所示。

表4–1 主流大功率激光切割机对比

类型	光纤激光切割机	CO_2 激光切割机
整机构成	体积小、重量轻、结构紧凑	结构复杂、体积庞大
切割厚度	1~16 mm	1~20 mm
切割效率	5 mm 以下优于 CO_2 激光切割机	10 mm 以上优于光纤激光切割机
切割质量	3 mm 以下优于 CO_2 激光切割机	8 mm 以上优于光纤激光切割机
整机能耗	低	较高，为光纤激光切割机的 2~3 倍
维护成本	免维护	高
切割材料	碳钢、不锈钢等，可切割铝、黄铜等高反射材料	碳钢、不锈钢、铝等，可切割亚克力等非金属，不建议切割铜

续表

类型	光纤激光切割机	CO_2 激光切割机
优点	能耗低、免维护，可切割铜、铝等高反射材料	产品成熟、可靠性高、可切割非金属，价格相对便宜
缺点	市场化时间短、价格相对较高	能耗高、维护成本高，不能切割高反射材料
整机价格/万元	180～200	150～180

注：CO_2 激光器以 Rofin DC 3 000 W 为例，光纤激光器以 IPG 2 000 W 为例。

(2) 中小功率激光切割机类型对比。中小功率激光切割机价格相对大功率激光切割机便宜很多，主要分为光纤激光切割机、CO_2 激光切割机、YAG 激光切割机。三类激光切割机对比如表 4-2 所示。

表 4-2　三类激光切割机对比

类型	光纤激光切割机	CO_2 激光切割机	YAG 激光切割机
整机构成	体积小、结构简单	结构相对复杂	体积小、结构简单
切割厚度	1～16 mm	1～6 mm	1～6 mm
切割效率（3 mm）	2.5 m/min	2.2～2.5 m/min	0.6～0.8 m/min
切割质量	好	较好	一般
电光效率	约25%	约10%	约3%
维护成本	免维护	较低	高
切割材料	碳钢、不锈钢，可切割铝、黄铜等高反射材料	碳钢、不锈钢、铝等，可切割亚克力、木板等非金属，不建议切割铜	碳钢、不锈钢，可切割铝、黄铜等高反射材料
优点	切割效率高、能耗低、免维护，可切割铜、铝等高反射材料	产品成熟、可靠性高、可切割非金属，价格相对便宜	国产化率高、价格便宜、可使用压缩空气切割
缺点	国产化率低，价格较高	能耗高，不能切割铜	能耗高，切割效率低
整机价格/万元	50	50～60	20～30
适用领域	广告行业、不锈钢制品行业、钣金行业等	刀模行业、广告行业、钣金行业等	钣金行业、金属加工行业等

注：CO_2 激光器以 Rofin 500 W、光纤激光器以 IPG 500 W、YAG 激光器以华俄 650 W 为例。

4. 激光切割机选型

切割作业是本产线的第一道加工工序即下料工序，将直接影响后续一系列搬运动作及加工质量，因此选择一种合适的切割方式显得尤为重要。激光切割机加工对象为尺寸 400 mm×400 mm（误差小于 1 mm）、厚度 2.0 mm 的不锈钢板料。

（1）机型选择。通过对比表 4-2 的光纤激光切割机、CO_2 激光切割机、YAG 激光切割机，可知三种类型激光切割机都可切割厚度为 2.0 mm 的不锈钢板料；对比另外两种激光器，光纤激光器具有切割质量好、效率高、能耗低、免维护的特点，能更好满足精细切割加工要求，当然设备价格更高，综合考虑选择光纤激光切割机。

（2）幅面选择。市面上主流的切割加工幅面是 3015 和 2513，即 3 m×1.5 m 和 2.5 m×1.3 m，本切割机加工钢板尺寸为 400 mm×400 mm，公司一般会配有多种幅面供客户选择，也可以按客户要求定做。

（3）切割功率选择。针对不同板厚，功率对割缝质量和速度起着决定作用。由表 4-3 可知功率越大的设备切割板材的能力越强。本机加工对象为 2 mm 厚的不锈钢，选择大于或等于 500 W 的光纤激光切割机皆可满足要求。

表 4-3 切割功率对比

光纤激光切割机功率	材质			
	碳钢（切割最大厚度/mm）	不锈钢（切割最大厚度/mm）	铝板（切割最大厚度/mm）	铜（切割最大厚度/mm）
500 W	6	3	2	2
1 000 W	10	5	3	3
2 000 W	16	8	5	5
3 000 W	20	10	8	8

对比 500 W 与 1 000 W 光纤激光切割机的切割工艺参数可知：对 2 mm 厚不锈钢板而言，500 W 光纤激光设备切割最高速度约为 8 m/min，而 1 000 W 光纤激光设备切割最高速度可到 17 m/min，如图 4-2 所示。光纤激光切割机功率提高 1 倍，切割速度也提高 1 倍。因此，在成本预算范围内尽量选择大功率激光器，本产线选择 750 W 光纤激光器。

（4）辅助气体选择。由表 4-4 可知，辅助气体 N_2 对不锈钢材料具有保护作用，切割质量最好，成本也较低，因此选择 N_2 为切割辅助气体。

（5）控制系统软件。所选激光切割机控制软件系统须提供相应的软件开发工具包（Software Develop Kit，SDK）。二次开发人员可以根据 SDK 中提供的 API（应用程序接口）访问一些软件基本功能，并根据这些基本功能组合、扩展，进而形成更加专业或新的功能以满足用户的特殊需求。

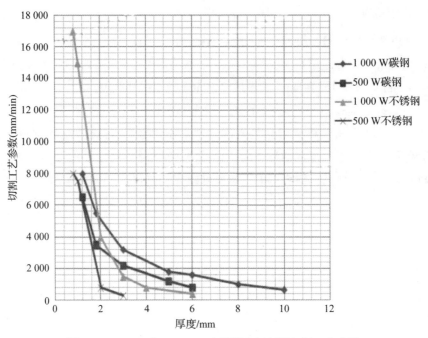

图 4 - 2　500 W 与 1 000 W 光纤激光切割机切割工艺参数

表 4 - 4　辅助气体

辅助气体	适用材料	备注
空气	铝	切割厚度 1.5 mm 以下，能获得良好的切割效果
	塑料、木材、合成材料、玻璃、石英	
	氧化铝陶瓷	所有气体均适用，空气成本最低
氧气（O_2）	碳素钢	切割速度高、质量好，表面有氧化物
	不锈钢	切割速度高，切割面上有较厚的氧化层。切割边用于焊接时需要进行加工
	铜	用于 3 mm 以下的切割厚度，能获得良好的切割面
氮气（N_2）	不锈钢	切割速度低，但切割面的抗腐蚀能力较好
	铝	用于 3 mm 以下的切割厚度，切口整洁，切割面无氧化物
	镍合金	
氩气（Ar）	钛	也可用于其他材料的切割

　　（6）打样。带着加工对象至相关厂家进行打样，并对产品进行质量评估，从以下几方面衡量打样效果。

①粗糙度。切割边缘或多或少存在切割留下的纹路,纹路的深浅决定了切割表面的粗糙度。纹路越浅,说明粗糙度越低,表面越光滑。一般来说,材料厚度越薄,切割表面粗糙度越低;相对氧气作为辅助气体而言,氮气或氩气保护使得产品表面粗糙度较低。

②垂直度。聚焦而成的切割光束存在发散性,会导致切割时(尤其是厚板切割时)沿材料厚度方向不同深度处光斑大小不一致,从而造成切割面与板材表面垂直度不够,呈现出上表面较宽或下表面较宽的现象。一般来说,材料厚度越薄,垂直度越好;光束质量越好,垂直度越好。此外,切割时光斑焦点与材料厚度方向的相对位置也会影响垂直度。

③毛刺。优异的切割工艺不会产生边缘毛刺,但是切割工程中工艺参数、材料类型及光束质量等匹配不好往往会产生毛刺,因此需要后处理工序。

④变形量。由于激光切割本质是热切割,板材不可避免存在变形,优异的切割工艺应尽可能减小板材变形,在薄板切割中需特别注意。一般来说,切割速度越快,割缝越窄,气体流量越大,变形量越小。

(7)其他。激光切割的核心部位为激光器和激光头,进口激光器一般使用 IPG 公司的较多,国产的一般是锐科的较多,同时也要注意激光切割的其他配件,如电机(是不是进口伺服电机)、导轨、床身等,因为它们在一定程度上影响着机器的切割精度。特别需要注意的一点是激光切割机的冷却系统——冷却柜,很多公司直接用家用空调来冷却,那样的效果非常不好,最好的办法是使用工业专用空调,专机专用,才能达到最好效果。

任何一台设备在使用过程中都会出现不同程度的损坏,在损坏后进行维修时,维修是否及时与收费高低也就成了需要考虑的问题。因此在购买时要通过多种渠道了解企业的售后服务问题,例如维修收费是否合理等。本产线最终选择 LCF750CW 光纤激光切割机。

5. LCF750CW 光纤激光切割机认知

LCF750CW 光纤激光切割机主要用于金属材料及硅、锗、砷化镓和其他半导体衬底材料划线和切割,可加工太阳能电池板、硅片、陶瓷片、铝箔片等,工件精细美观,切边光滑。

(1)主要配置。LCF750CW 光纤激光切割机主要配置如表 4-5 所示。

表 4-5 LCF750CW 光纤激光切割机主要配置

主要部件	简要描述	备注
激光器	750 W 光纤激光器	锐科
专用切割头	国产高精度微加工激光切割头	华工
光束传输系统	激光聚焦系统,同轴辅助吹气系统,红光指示	华工
冷却系统	水冷	东露阳
数控精密平移工作台	500 mm×500 mm 丝杆线性模组、大理石平台、定制专用切割夹具	茂和兴
运动控制	基于运动控制卡控制系统、研祥工控机	华工

主要部件	简要描述	备注
手动升降调焦	标配为手动升降调焦	上海联谊
操作软件	华工激光切割打孔专用软件	华工
抽尘装置	风机	外罩留 ϕ50 接口

（2）系统结构。LCF750CW 光纤激光切割加工站示意图如图 4 - 3 所示。

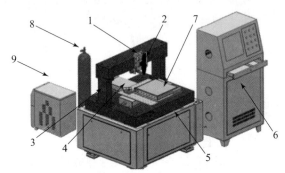

图 4 - 3　LCF750CW 光纤激光切割加工站示意图

1—手动升降台；2—切割头；3—工作台面；4—丝杆线性模组；5—主机柜；6—操作柜；

7—自动化夹具（定制）；8—氮气；9—冷却系统

（3）技术指标。整机技术指标见表 4 - 6。

表 4 - 6　整机技术指标

类别	序号	设计项目	设计要求	备注
整机技术指标及工艺要求	整机技术指标			
	1	加工模式	产线联机加工	
	2	最大空走速度	600 mm/s	根据加工产品材料和厚度而最终确定
	3	最大加工范围	400 mm ×400 mm	不计算旁轴 CCD 的理论值
	4	加工位置精度	±0.03 mm	
	5	Z 轴调节方式	标配手动	
	6	Z 轴调节范围	0～75 mm	
	7	Z 轴调节精度	0.02 mm	
	8	夹具高度范围	$h \leqslant 220$ mm	
	9	整机尺寸（长×宽×高）	2 090 mm ×1 669 mm ×1 811 mm	

续表

类别		序号	设计项目	设计要求	备注
整机技术指标及切割工艺要求	整机技术指标	10	整机总重量	净重2 800 kg，毛重2 850 kg	含烟雾净化器（75 kg）
		11	设备工作电压	三相380 V AC	
		12	整机额定功率	10 kW	
		13	吹气气压	0.5～2 MPa	
	切割工艺要求	1	平台最大运行速度	600 mm/s	切割小图形速度无法体现
		2	适用材料	不锈钢、碳钢、铜、铝合金、陶瓷、蓝宝石	
		3	切割缝宽	0.05 mm～0.12 mm	材料及厚度均影响切割缝宽
		4	辅助气体	氧气/氮气/氩气	氧气提高切割效率，氮气和氩气能防止氧化
		5	辅助气体压力	0.3～1.6 MPa	同轴、高压
		6	切割方式	全切/半切	半切主要应用于陶瓷划线
核心外购件指标	激光器指标	1	波长	1 064 nm	
		2	平均功率	最大500 W	
		3	占空比范围	0～100%	
		4	光束质量	M2＜1.2	
		5	光斑椭圆度	＜1.2	
		6	功率稳定性	≤3%	
		7	冷却方式/温度需求	水冷	
		8	供电需求	AC 220 V	
	切割头指标	1	准直镜焦距	75 mm	
		2	聚焦镜焦距	80 mm	
		3	聚焦头水平调节量	±1.0 mm	
		4	聚焦头垂直调节量	+0.5 mm/－2.5 mm	

续表

类别		序号	设计项目	设计要求	备注
核心外购件指标	XY工作台技术指标	1	最大有效行程	X轴：600 mm Y轴：600 mm	
		2	定位精度	X轴：≤±0.03 mm Y轴：≤±0.03 mm	
		3	重复定位精度	X轴：≤±0.015 mm Y轴：≤±0.015 mm	
		4	导程	X轴：10 mm Y轴：10 mm	
		5	满载最大运行速度	X轴：1 000 mm/s Y轴：1 000 mm/s	
		6	满载最大加速度	X轴：0.6 mm/s^2 Y轴：0.6 mm/s^2	
		7	XY轴垂直度	≤0.02/1 000 mm	
	工控机技术指标	1	供电需求	AC 220 V	
		2	外形尺寸	440 mm×440 mm×178 mm	
		3	主板	品牌工控机工业主板	
		4	CPU	主频≥3.0 GHz	
		5	内存	≥2 GB	
		6	硬盘	≥500 GB	
		7	USB及串口数量	≥5个USB口；≥3个串口	
		8	PCI/PCIE接口	2个/2个	
设备防护措施	设备部件指标	1	门磁防护机构	开门后激光停止	
		2	防呆机构		
		3	NG提示 （三色灯、蜂鸣器）	加工时为绿色	
设备供电				交流 380 V，50 Hz，6 kV·A	

4.1.2 精雕机选型

精雕机是数控机床的一种，金属激光精雕机可对金属或非金属板材、管材进行非接触切割打孔，特别适合不锈钢板、铁板、硅片、陶瓷片、钛合金、环氧、A3钢、金刚石等材料的激光切割加工。该设备运行稳定可靠，加工质量好，效率高，操作简单，维护方便。

1. CNC 精雕机组成

CNC 精雕机组成如图 4 – 4 所示。

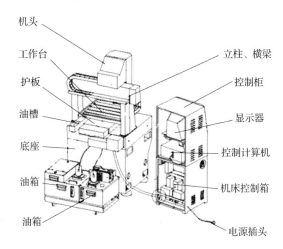

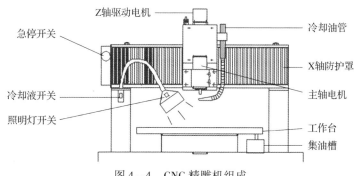

图 4 – 4　CNC 精雕机组成

机头：由 Z 轴驱动电机、导轨、传动部件和电主轴组成。

工作台：用来装夹工件或夹具。

护板：防止加工废屑、灰尘和加工时飞溅的切削油落到传动部件和导轨上。

油槽：使切削油能够循环使用。

底座：用来固定机床床体和支撑机床。

立柱、横梁：立柱用来支撑横梁和机头，横梁上安装了 X 轴驱动电机、传动部件和导轨。

油箱：切削油的供给装置。

Z 轴驱动电机：拖动主轴沿 Z 轴上下精确运动的动力部件。

急停开关：紧急强行阻止机床运动的按钮。

冷却液开关：控制冷却油箱电机启停的开关。

照明灯开关：机床工作灯开关。

X 轴防护罩：防止灰尘、飞屑、杂物进出 X 轴运动机构。

主轴电机：装卡加工用的刀具，并给刀具提供旋转动力。

2. CNC 雕刻流程

精雕机是通过计算机内配置的专用雕刻软件进行设计和排版，并由计算机将设计与排版的信息自动传送至精雕机控制器中，再由控制器把这些信息转化成能驱动步进电机或伺服电机的带有功率的信号（脉冲串），控制精雕机主机生成 X，Y，Z 三轴的雕刻走刀路径。同时精雕机上的高速旋转雕刻头通过按加工材质配置的刀具对固定于主机工作台上的加工材料进行切削，即可雕刻出在计算机中设计的各种平面或立体的浮雕图形及文字，实现雕刻自动化作业，如图 4-5 所示。

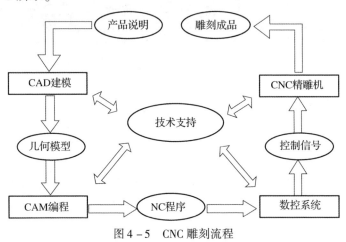

图 4-5　CNC 雕刻流程

3. CNC 精雕系统基本组成

CNC 精雕系统基本组成如图 4-6 所示。

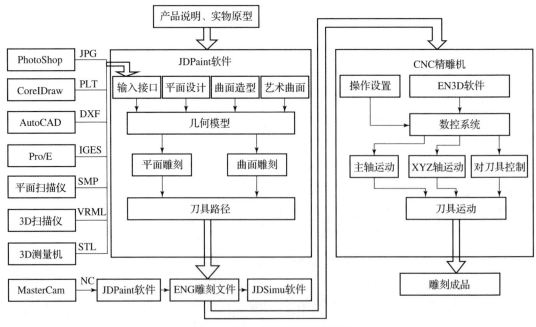

图 4-6　CNC 精雕系统基本组成

4. CNC 雕刻特点

（1）加工对象：文字、图案、纹理、小型复杂曲面、薄壁件、小型精密零件、非规则艺术浮雕曲面等。加工对象尺寸小、形态复杂、成品要求精细。

（2）工艺特点：只能且必须使用小刀具加工。

（3）产品特点：尺寸精度高，产品一致性好。

（4）数控加工特点：高转速、小进给和快走刀的高速铣削加工，形象地称之为"少吃快跑"的加工方式。

5. 设备选型

精雕作业在工件表面雕刻出图案或文字，雕刻好坏直接影响产品的最终质量。所选精雕机加工对象为尺寸范围 $\phi30 \sim \phi110$ mm、厚度为 2 mm 的不锈钢材质板料。

（1）轴数确定。精雕机一般采用 X、Y、Z 三轴控制，可以在手机玻璃面板之类的平面上进行加工。四轴是在三轴的基础上增加一个旋转轴，主要用于加工圆柱状模具。一般来说，旋转轴在工作台上与 Z 轴相垂直。加工时，在 X、Y、Z 轴直线运行的同时旋转轴也在旋转，从而形成四轴联动。五轴是在四轴的基础上再增加一个旋转轴，用于被加工产品的转动，如风扇叶片加工。

所选设备用于板材表面上图案或文字雕刻，市面上三轴精雕机即可满足要求。

（2）幅面大小选择。小幅面精雕机尺寸有 600 mm×800 mm 和 800 mm×1 000 mm，由于加工对象尺寸较小，小幅面精雕机即可满足要求。

（3）机型选择。根据加工对象材料特性，精雕机可分为亚克力精雕机、金属精雕机、玻璃精雕机等，本工序加工对象为不锈钢，故选择金属精雕机。

（4）主轴电机功率选择。主轴电机是精雕机重要组成部件，其性能对精雕机整机性能有着至关重要的影响。加工主轴通常分为两类：精密加工主轴和大功率切断主轴。

精密加工主轴的优点是低噪声、高转速、高精度，适合加工特别精细的工件，如印章、铭牌、胸牌和礼品等。此类电机通常为高速变频电机，功率较小，一般在 800 W 以下。缺点是切断厚材料的能力较差，不适合切削较厚的材料。

大功率切断主轴特点是功率大，切割能力强，主要用于切断、大功率雕刻，特别适合割字、三维立体字，也可以制作胸牌、铭牌、印章等。

硬材料，大切削量加工，选用大功率电机；软材料，小切削量加工，选用小功率电机。

（5）刀具选择。CNC 精雕机所用刀具类型包括平底刀、锥刀、球刀、牛鼻刀、锥球刀和各种型号的成形刀等，刀具选择需要综合考虑产品材质、走刀量、曲面复杂程度及刀具参数、型号、材质、锋利程度等。

平底刀、锥刀和牛鼻刀适合曲面粗雕刻，用于快速切除待雕刻的材料，获得产品的外形，雕刻裕量大。平底刀主要用于比较简单的曲面加工和铣平面，锥刀用于比较复杂的曲面加工和平面雕刻，牛鼻刀一般用于金属材料的粗加工。粗雕刻时切削量大，容易产生震动，所用刀具比精雕时大，才能达到快速切除待加工材料的目的。粗雕刻刀具尺寸同样取决于雕刻对象的复杂程度和雕刻材料的性能，模型曲面比较复杂时，采用直径较小的刀具，否则残留待加工量较多，给曲面精雕带来困难。雕刻材料硬度较高时，考虑刀具强度、刚度、耐磨度，一般采用直径较大的刀具。

锥刀、球刀、锥球刀适合精雕刻，用于雕刻出模型的实际形状，直接决定产品质量。球刀用于比较简单的曲面加工，若雕刻的曲面包含水平面，有时也采用牛鼻刀或锥度牛鼻刀。精雕刻的刀具尺寸大小主要取决于曲面的复杂程度，当曲面比较简单时，一般采用直径较大的刀具，当曲面比较复杂时，一般采用直径较小的刀具。当球刀的球半径小于 0.5 mm 时考虑刀具本身的强度，一般使用锥球刀。刀具选择如表 4 – 7 所示。

表 4 – 7　刀具选择

刀具类型	用途	使用范围	说明
平底刀	铣平面	轮廓切割、区域雕刻、曲面雕刻	有时也用于曲面的半精雕刻
球刀	铣曲面	曲面精雕刻	适合雕刻简单的曲面
牛鼻刀	铣平面、铣曲面	曲面精雕刻	适合较平坦区域的简单曲面模型
锥刀	雕刻平面	各种雕刻	刀尖大，粗加工；刀尖小，精加工
锥球刀	雕刻曲面	曲面雕刻、投影雕刻、图像雕刻	适合雕刻复杂的浮雕曲面
锥度牛鼻刀	雕刻平面、曲面	曲面雕刻	适合带平坦区域的复杂曲面模型
双刃直槽牛鼻刀	平面和曲面混合体加工	曲面雕刻	在加工曲面和平面的连接处有较好的加工效果
单刃螺纹槽切割刀	加工有机材料	文字雕刻、工业模型、镜架、发卡	切割面光滑、无刀痕、无熔瘤、无裂纹、曲线段无折线痕迹
双刃直槽刻刀	雕刻铜材	高频模具、滴塑模具	强度高、刀具锋利、加工效率高
单刃锥刀	底面精修、拔模斜度	文字雕刻、模具加工、标牌制作	成活精细、排屑顺畅、雕刻文字清晰

续表

刀具类型	用途	使用范围	说明
三棱锥刀	刻字	59 铜精细文字雕刻和图案雕刻	刀具强度高，成活精细
φ6 双刃直槽三维清角刀	三维清角文字的加工	文字雕刻	
建筑模型专用双刃刀	建筑模型划线、刻窗口、门等	模型加工	刀具锋利、排屑顺畅、加工效果好

（6）其他。精雕机须与上位机进行通信，即必须有串口与上位机连接。所选激光切割机控制软件系统须提供相应的 SDK。二次开发人员可以根据 SDK 中提供的公开的 API（应用程序接口）来访问软件原有的一些基本功能，并要根据这些基本功能组合、扩展进而形成更加专业或新的功能以满足用户特殊的需求。

（7）试雕。联系设备厂家对加工对象进行试雕，同时计算工效，观察效果，充分测试机器性能，找出合适的机型。并与销售商商定合同，合同应注明购买的机型、配置、价格、交货时间及交货方法、培训方法、保修条款、付款方式等要素。本产线选择精雕机型号为 JDPMS16_A8 精雕机。

6. JDPMS16_A8 精雕机认知

JDPMS16_A8 精雕机外形如图 4－7 所示。

（1）技术规格。

工作台台面尺寸：560 mm×490 mm。

X、Y、Z 轴工作行程：400 mm×400 mm×165 mm。

X、Y、Z 轴运动定位精度：0.01 mm/0.01 mm/0.008 mm。

X、Y、Z 轴重复定位精度：0.008 mm/0.008 mm/0.005 mm。

主轴规格：JD80－24－ER16/A。

主轴转速：6 000～24 000 r/min。

刀柄规格：ER16。

驱动系统：交流伺服。

快速移动速度：6 m/min。

最高进给速度：3.6 m/min。

工作台承压变形量：＜0.02 mm（100 kg）。

数控系统：JD45B 数控系统。

使用刀具：在合理工艺条件下，可用最大刀具为锥度 φ6，最小刀具为锥度 φ0.1。

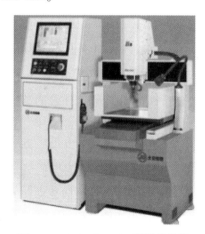

图 4－7 JDPMS16_A8 精雕机外形

自动润滑系统：对导轨和丝杠自动润滑。

使用环境：

温度：5~40 ℃（当环境温度超出 30 ℃，交流伺服系统必须具备空调环境）。

湿度：<60%。

工作电压和电压波动范围：

交流三相五线：380（1±10%）V，50 Hz。

电压波动范围：342~418 V。

使用其他的三相供电系统，必须为精雕机专做保护地线。

机床外形尺寸：1430 mm×970 mm×1 560 mm

床体重量：1 350 kg

（2）雕刻机主要配置。

①雕刻机主机 1 台。

②精雕 45B 控制系统 1 套。

③手轮操作器 1 个。

④雕刻 CAD/CAM 软件——JDPaint5. 5 1 套（包括加密狗）。

⑤雕刻控制软件——EN3D7. 0 1 套。

⑥电主轴冷却机 1 台。

⑦工件冷却装置 1 套。

⑧对刀仪 1 套。

4.1.3 磨床选型

磨削是以砂轮或其他磨具对工件进行精加工和超精加工的切削加工方法。在磨床上采用各种类型的磨具或工具，可以完成内外圆柱面、平面、螺旋面、花键、齿轮、导轨和成形面等各种表面的精加工。它除能磨削普通材料外，尤其适用于一般刀具难以切削的高硬度材料的加工，如淬硬钢、硬质合金和各种宝石等。磨削加工精度可达 IT4~IT6，表面粗糙度 Ra 可达0.01~1.25 μm，甚至可达0.008 μm。磨削主要用于零件的精加工，目前也可以用于零件的粗加工，甚至毛坯的去皮加工，可获得很高的生产率。

1. 平面磨床类型简介

按照平面磨床和工作台的结构特点和配置形式，平面磨床可分为五种类型，即卧轴矩台平面磨床、卧轴圆台平面磨床、立轴矩台平面磨床、立轴圆台平面磨床及双端面磨床等。

（1）卧轴矩台平面磨床。砂轮主轴轴线与工作台台面平行，工件安装在矩形电磁吸盘上，并随工作台作纵向往复直线运动。砂轮在高速旋转的同时作间歇的横向移动，在工件表面磨去一层后，砂轮反向移动，同时作一次垂向进给，直至将工件磨削到所需的尺寸。卧轴矩台平面磨床外形见图 4-8。

（2）卧轴圆台平面磨床。砂轮主轴是卧式的，工作台是圆形电磁吸盘，用砂轮的圆周面磨削平面。磨削时，圆形电磁吸盘将工件吸在一起作单向匀速旋转，砂轮除高速旋转外，还在圆台外缘和中心之间作往复运动，以完成磨削进给，每往复一次或每次换向后，砂轮向工件垂直进给，直至将工件磨削到所需要的尺寸。由于工作台是连续旋转的，因此磨削效率高，但不能磨削台阶面等复杂的平面。卧轴圆台平面磨床外形见图4-9。

图4-8　卧轴矩台平面磨床外形

图4-9　卧轴圆台平面磨床外形

（3）立轴矩台平面磨床。砂轮主轴与工作台垂直，工作台是矩形电磁吸盘，用砂轮的端面磨削平面。这类磨床只能磨削简单的平面零件。由于砂轮的直径大于工作台的宽度，砂轮不需要作横向进给运动，故磨削效率较高。立轴矩台平面磨床外形见图4-10。

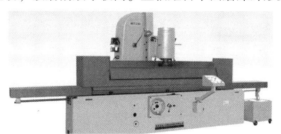

图4-10　立轴矩台平面磨床外形

（4）立轴圆台平面磨床。砂轮主轴与工作台垂直，工作台是圆形电磁吸盘，用砂轮的端面磨削平面。磨削时，圆工作台匀速旋转，砂轮除作高速旋转外，定时作垂向进给。立轴圆台平面磨床外形如图4-11所示。

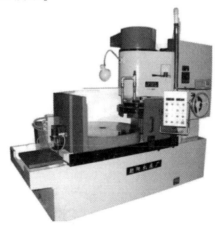

图4-11　立轴圆台平面磨床外形

（5）双端面磨床。双端面磨床是一种高效率的平面加工机床，在一次加工过程同时磨削出两个平行端面，根据结构可分为卧式和立式两种（图4-12和图4-13），根据送料方式，又可将其分为贯穿式、转盘式和往复式。由于磨削出的产品精度高，生产效率高，在汽摩、轴承、磁性材料等诸多行业广泛应用。汽摩行业的活塞销、活塞环、气门垫圈、连杆、十字轴、阀片、拨叉、液压泵叶片、转子、定子、压缩机滑片，轴承内外套圈和滚子，电子行业的磁环、磁钢片、石墨板等各种材质的产品都适合加工。

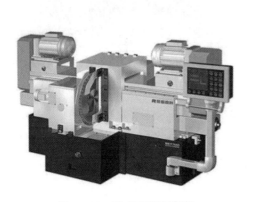

图4-12　卧式双端面磨床

图4-13　立式双端面磨床

2. 磨削加工特点

磨削与其他切削加工方式如车削、铣削、刨削等比较，具有以下特点。

（1）磨削速度很高，可达30~50 m/s；磨削温度较高，可达1 000~1 500 ℃；磨削过程历时很短，只有万分之一秒左右。

（2）磨削加工可以获得较高的加工精度和很小的表面粗糙度值。

（3）磨削不但可以加工软材料，如未淬火钢、铸铁等，而且还可以加工淬火钢及其他刀具不能加工的硬质材料，如瓷件、硬质合金等。

（4）磨削时切削深度很小，在一次行程中所能切除的金属层很薄。

（5）当磨削加工时，从砂轮上飞出大量细的磨屑，而从工件上飞溅出大量的金属屑。磨屑和金属屑都会使操作者的眼部遭受危害，尘末吸入肺部也会对身体造成危害。

（6）由于砂轮质量不良、保管不善、规格型号选择不当、安装出现偏心或进给速度过大等，磨削时可能造成砂轮的碎裂，从而导致工人遭受严重的伤害。

（7）在靠近转动的砂轮进行手工操作时，如磨工具、清洁工件或砂轮修正方法不正确，工人的手可能因碰到砂轮或磨床的其他运动部件而受到伤害。

（8）磨削加工时产生的噪声最高可达110 dB以上，如不采取降低噪声措施，也会影响健康。

3. 磨床选型

产品经过外形切割、图案文字雕刻两道工序后，已经基本成型，但是表面难免会有划痕，为了使表面更加美观，对工件上下表面进行磨削。磨削加工对象为尺寸范围 $\phi30 \sim \phi110$ mm、厚度 2 mm 的不锈钢材质板料。

（1）磨床类型选择。磨削工件的两个平行端面时，一般是先把一个端面磨平，再磨另一个端面。而在双端面磨床上被磨工件则进入相对的两个砂轮之间同时磨削两个端面，因此与平面磨床相比，生产效率高，加工精度高，生产成本低。

双端面磨床分为立式和卧式两种，其中卧式双端面磨床造价便宜，但磨削精度不高；立式双端面磨床的主轴竖直布置，与重力方向平行，从而主轴的静平衡及动平衡受重力的影响小，保证了机床有很好的加工性能，且立式双端面磨床更容易实现自动上下料，故从高精度及高效率方面考虑，本产线选择立式双端面磨床。

（2）立式双端面磨床送料方式选择。根据工件送料方式的不同，立式双端面磨床分为圆盘送料式、贯穿送料式、摆动送料式三种。最常用的立式双端面磨床为圆盘送料式和贯穿送料式两种。

①圆盘送料式。送料盘运动形式为回转运动，工件从上料装置的料斗上依靠自身重力滑下并自动进入送料盘的装载孔内，在送料盘的带动下进入磨削区域，完成磨削加工，磨削加工完成后工件在重力的作用下脱离送料盘，由出料输送机送到工件接料箱中，如图 4-14 所示。当工件通过砂轮内孔边缘时，工件轮廓须越出砂轮内孔 3～5 mm。根据工件磨削工艺需要，可实现工件在送料盘装载孔内自转，也可以设计专用夹具限制工件在装载孔内摆动或自转。还可将两个工件一起放在装载孔内，实现工件的单面磨削。送料盘的装载孔内可安装具有互换性的夹具，根据工件几何尺寸选用适用的夹具。

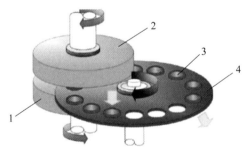

图 4-14　圆盘送料式立式双端面磨削示意图

1—下砂轮；2—上砂轮；3—工件；4—送料盘

圆盘送料式立式双端面磨床易于实现自动上下料，一般用于中小型及薄型工件，可加工工件的范围很广。圆盘送料式立式双端面磨床相对于其他送料方式的磨床应用最广泛，具有高磨削效率和高加工精度的特点。

②贯穿送料式。工件可连续送料，因此生产效率极高。贯穿式送料机构包括上料装置、导向板及下料装置。上料装置可实现自动上料。工件由上料装置送入导向装置，在工件未进入砂轮前，工件的两侧面和上下端面都由导向装置引导。工件进入磨削区域后，通过两侧的导向板对其侧面进行定位，上、下砂轮工作面对工件的两端面进行磨削加工。当砂轮内孔大

于工件直径时，在上、下砂轮的内孔中装有内导向装置，以保证工件能够顺利通过砂轮内孔，工件离开磨削区域后，由出口导向装置引导至工件接料箱中。其中导向板设计成宽度可调节结构，使之能对不同尺寸的工件进行引导。如图4-15所示，贯穿式送料的磨削运动原理是工件进入送料装置后，在导向板的引导下穿过上、下砂轮形成的磨削区域，去除工件上、下两端面裕量，获得需要的工件厚度尺寸和相应的平行度、表面粗糙度。工件进口为两砂轮端面距离最高处，工件出口为两砂轮端面距离最低处，可去除工件的裕量最大。

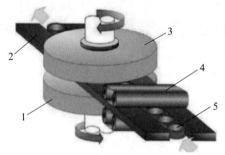

图4-15　贯穿送料式立式双端面磨削示意图

1—下砂轮；2—导向板；3—上砂轮；4—输送机构；5—工件

　　贯穿送料式立式双端面磨床的优点为磨削效率非常高，是圆盘送料式立式双端面磨床的3~5倍。适合大批量、低成本生产，同时贯穿送料式为直线送料形式，对长形工件（如直线导轨）的磨削加工具有独特的优势。其局限性为不适用于高精度的磨削加工，通常用于粗磨工序。

　　③摆动送料式。工件在摆动臂的带动下以圆弧轨迹在磨削区域内来回摆动。摆动式夹具有简单手动式及机动式等各种不同结构，且夹具制造成本低。工件可与摆动臂上的装载孔保持一定间隙，也可根据磨削工艺需要运用专用定位夹具将工件固定在摆动臂上，进行来回磨削。该方式通常每次只磨削一件工件，但也可多件同时磨削。有时还可让工件自转，使砂轮磨损均匀，提高工件的平行度。工件以圆弧轨迹运动时可自动在来回磨削中变换方向。磨削工件时，工件的表面须越出砂轮内孔边缘，以保持砂轮表面平直并减少砂轮修整次数。摆动送料式立式双端面磨削示意图见图4-16。

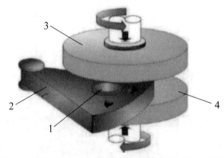

图4-16　摆动送料式立式双端面磨削示意图

1—工件；2—摆动壁；3—上砂轮；4—下砂轮

摆动送料式立式双端面磨床的磨削效率最低；但这种磨床最经济灵活，不同工件的夹具可迅速调换。摆动送料式立式双端面磨床一般用于磨削高度尺寸大、平行度和垂直度要求高的工件，适用于不能应用其他方式的场合。

本产线加工对象为不锈钢板料，外形不固定，且需要精密磨削。贯穿送料式虽然效率较高，但只适用于粗磨。摆动送料式虽然磨削精度高、最经济，但是加工对象外形变化时，须更换夹具。由于圆盘送料式具有易于实现自动上下料、高磨削效率和高加工精度的特点，本产线选择圆盘送料式立式双端面磨床。

（3）砂轮磨料选择。磨料选择主要与被磨工件材料及热处理方法有关，磨料是砂轮的主要组成部分，它应具有很高的硬度、耐磨性、耐热性和一定的韧性，以承受磨削时的切削热和切削力，同时还应具备锋利的尖角，以利于磨削金属。常用磨料代号、特点及应用范围如表4-8所示，本产线加工对象为不锈钢板料，通过表4-8选择单晶刚玉为磨料。

表4-8　砂轮磨料

别类	磨料名称	代号	颜色	硬度	韧性	应用范围
刚玉类	棕刚玉	A	棕褐色	低 ↕ 高	大 ↕ 小	磨削碳钢、合金钢、可锻铸铁等
	白刚玉	WA	白色			磨削淬火钢、高速钢、高碳钢
	单晶刚玉	SA	浅黄色或乳白色			磨削不锈钢、高钒高速钢及其他难加工材料
	铬刚玉	PA	紫红色			磨削淬硬高速钢、高强度钢，特别适用于成形磨削
碳化硅类	黑色碳化硅	C	黑色			磨削铸铁、黄铜、耐火材料及非金属材料
	绿色碳化硅	GC	绿色			磨削硬质合金、宝石、陶瓷、玻璃等
高硬磨料	立方氮化硼	CBN	黑色			磨削各种高温合金，如高钼、高钒、高钴钢、不锈钢等
	人造金刚石	MBD	乳白色			磨削硬质合金、光学玻璃、宝石、陶瓷等硬度材料

4. 挑选不同厂家进行打样

挑选不同厂家进行打样，判断是否满足自己要求，再采购设备。在采购时要注意以下四点。

（1）看配置。任何一台平面磨床都由若干部件组成，要想让一个平面磨床质量好，加工精度高，关键部位的部件质量一定要过硬，这样整体部件配合起来才能达到高加工稳定性和高精度。

（2）看做工。大一些的企业对设备的外观及性能要求严格，而且有很严格的流程。好的平面磨床从喷漆、零件加工、线路布局、油路位置、附件配置等方面都很讲究，看起来很漂亮，操作起来很人性化、很顺畅。如果条件允许，购买者可到设备工厂亲自看设备或规模，做到眼见为实。

（3）看方案。比较负责的公司给客户做的方案比较详细，包括磨床的配件组成、工件加工效率、流程、供货周期，物流形式、售后服务条款等都比较完善，并可以把方案作为合同一部分。

（4）看服务。人都有伤风感冒的时候，何况设备，后期服务很重要，特别是对采购的特殊专业设备，客户在没有维修工的情况下更需看重，要看磨床厂商有没有本地化服务的能力。

通过上述选型，本产线最终选择 YHDM580B 高精度数控立式双端面磨床。

5. YHDM580B 高精度数控立式双端面磨床认知

该磨床（图 4-17）主轴为立式结构，送料采用转盘式送料方式，数控系统驱动运转。可同时加工零件上下两个平行的端面，实现粗、精磨削一次完成，能够磨削各类圆形、非圆形等任意形状的零件。数控立式双端面磨床加工精度高、表面粗糙度值小，适合高精密端面零件的批量加工。

图 4-17　YHDM580B 高精度数控立式双端面磨床

主要针对活塞环、气门垫圈、连杆、十字轴、阀片、拨叉、液压泵叶片、转子、定子、压缩机滑片、轴承内外套圈、车辆的刹车片、电子行业的磁环、磁钢片、石墨板等产品双面磨削。

（1）技术特点。

①机身采用铸件箱形结构，吸震性、刚性好，热稳定性可靠。

②冷却液经磁性分离，纸带经2级过滤，冷却机温度控制后循环使用。

③采用铰链式圆盘送料机构，开启灵活，更换和修整砂轮方便。

④配有砂轮自动修整装置，方便快捷，保证砂轮修正质量。

⑤除主轴电机外，各传动链均采用伺服电机驱动，运动平稳、定位准确、调整方便。

⑥电气件均采用进口知名品牌的产品（如三菱、西门子、欧姆龙等），保证机床的稳定运行。

（2）主要技术参数（表4-9）。

表4-9 主要技术参数

砂轮规格	$\phi585$ mm $\times\phi195$ mm $\times75$ mm
加工范围	工件直径：$\phi20$ mm ~ $\phi120$ mm 工件厚度：1.0 ~ 40 mm
砂轮主轴转速范围	100 ~ 960 r/min，无级调速
磨头设定最小进给量	0.001 mm
送料盘转速	2 ~ 10 r/min，无级调速
砂轮主轴电机功率	22 kW×2
磨头升降伺服电机功率	2 kW×2
送料电机功率	1.5 kW
油泵电机功率	0.75 kW
油温控制器制冷量	5 kW
油温控制器功率	3.1 kW
纸带过滤机流量	100 L/min
磁性分离器流量	100L/min
污水泵流量	8 m³/h
冷却箱体容积（含制冷装置）	1 200 L
砂轮间最大距离	74 mm

4.1.4 清洗机选型

清洗设备是指可用于替代人工来清洁工件表面油、蜡、尘、氧化层等污渍与污迹的机械设备。目前市面上所见到清洗设备为超声波清洗、高压喷淋清洗、激光清洗、蒸汽清洗、干冰清洗及复合型清洗设备等，其中应用最广泛的为高压喷淋清洗和超声波清洗。在工业生产及电子产品的生产过程中，随着产品部件表面清洁度的提高，超声波精密清洗方式正越来越被人们所关注和认可。

目前，国内清洗技术的科研中心及清洗工业并未形成一个行业，清洗设备仅由少数几种技术规格进行小批量生产，通用化程度不高，并未形成系列化、标准化。大多数清洗设备仍然处于非标准专用设备状态。适用于中、小型机械零部件的清洗设备主要有喷射水枪、高压水剂清洗机和超声波清洗机等类型。

1. 喷射式清洗机

由电动机、柱塞泵、水箱、高压软管和喷射水枪等部件组成的 PX 型喷射式清洗机（图 4 - 18），是最简单的清洗设备。可以按照各种不同清洗物表面的要求，将水枪调节成"软雾""硬雾"喷洗或"冲击水柱"清洗。枪管出口流量可达 31 L/min，水柱喷射距离 15 m，既能保护表面不受损伤，又能达到清洗的目的。其广泛应用于汽车、电车、工程机械、坦克、火炮、船舶等的清洗，也是公共食堂、宾馆、商店、菜场、屠宰场、水产加工场、酒厂、药厂及环卫系统打扫卫生的工具。国产 GX - A32 型清洗设备的压力为 32 MPa，喷枪流量为 80 L/min。它们的特点是不用添加剂、成本低、不污染环境。

图 4 - 18　喷射式清洗机

2. 履带式清洗机

国产 XSX 型履带式清洗机能清洗各种类型及规格的机械零件。水温可用电热或蒸汽加热至 70 ~ 80 ℃，加热时间 1 h，水的消耗量为 0.25 m³/h。XSX - 002 型外形尺寸为 3 300 mm×1 700 mm×2 525 mm，是一种通过式可连续清洗设备。为了改进排屑系统，生产厂在 XSX 型的基础上，增设排屑槽刮板排屑；另一侧增设网目稠密的滤网输送系统，排除沉淀后的微粒，提高了清洗液的清洁度。这是 20 世纪 50 ~ 60 年代加湿喷淋的苏式设备。设备过滤精度低，占地面积大，场地紧张的企业限制使用。

3. 零件筐回转喷射式清洗机

LX 系列自动零件清洗机是一种清洗各类机械零件油污垢的高效节能设备。清洗框高度低，喷嘴多，清洗无死角，电气保护装置齐全。清洗液可加温循环使用，清洗成本低。适用于修理行业和制造行业。QXLB80 系列喷淋回转式清洗机一次可洗零件重量 100 kg，清洗零件最大尺寸为 $\phi700 \times 300$ mm，液体湿度从室湿至 80 ℃连续可调，清洗时间在 0 ~ 60 min 内，喷嘴出口压力 4 ~ 2 kgf/cm²。

QXLT 系列自动通过式清洗机是一种连续式，用加温化学清洗液清洗，加温水漂洗后，经压缩空气吹干的新型、高效、功能多、规格品种全的较新清洗设备。自动化程度高，有污塞报警排渣、显示、连锁装置，操作方便，安全可靠，并装有浮油排除装置。此设备分为Ⅰ型清洗设备、吹干室和Ⅱ型清洗设备、漂洗、吹干室两种。抽屉滤网排屑，主要缺点是过滤精度低，喷嘴喷液覆盖面小。也可与QPCD250型带式磁性排屑装置配套成为自动排屑。可单机使用，也可作为自动线、流水线上清洗工序专机使用。

4. 超声波清洗机

超声波发生器、换能器和超声波清洗槽是超声波清洗设备的三大组成部分，是一种高效高生产率的清洗方法。工件表面可以获得高的清洁度。国内超声波装置已有系列产品，其功率已有500 W、1 kW、2 kW和4 kW四种。上海生产的CSF-6型2 kW清洗槽尺寸为900 mm×600 mm×800 mm，只能清洗油泵、轴承等小型机械零件。国营西安光辉机械厂生产的超声波清洗机，圆盘式六工位，吊篮载重量为3 kg。微型工件半自动超声波清洗机可清洗电子器件、钟表零件。光学零件进行高清洁度清洗，清洗作业过程中，除上下料手工操作外，进液、清洗、放液和烘干均为自动，占地面积少。

5. 气相清洗机

由清洗液槽加热及产生蒸汽装置、蒸汽层控制与汽洗装置、废液处理与回收装置、电控与安全保护装置等组成的气相清洗机，如国产QXJ-2型双缸气相清洗机，具有浸洗、漂洗、喷洗和气相清洗四种功能，适用于中小型零件工序间的清洗。

此外，还有组合清洗和电解清洗等方法使工件表面多种油脂、磨光膏、砂型等清除干净，以及传统的桶、罐、槽、池等用具，可进行浸、煮、漂洗和人工擦、冲、刷等补充洗涤等。

对于复杂形状和有油道孔的零件，需拟定最佳工艺方案，设计专用清洗设备，进行定点定位清洗，终洗一般采用多工位鼓轮式回转结构。应发展低温、低压、高效低泡、防锈型清洗液，以节约能源，完善清洗液的过滤系统，提高清洗液的清洁度。国内少数清洗设备清洗液的过滤精度已控制在10～35 μm之内。

6. 清洗机选型

工件在经过磨削加工之后表面必将残留磨削液、铁屑等脏污，为保证下一道工序顺利进行，须对工件进行清洗烘干处理。清洗过程中采用清水喷淋处理，将工件表面磨削液洗净，然后采用热风将工件上下表面同时吹干处理。整个清洗、烘干作业过程无须人工干预，自动完成。

（1）清洗对象。不锈钢薄板工艺品，尺寸范围30～100 mm，最大厚度3 mm。

（2）清洗要求。除工件表面磨粉及颗粒，去水保持基本干燥，清洗烘干所用总时间在12 min以内。

（3）设备要求。传送机构上料→2级喷淋清洗（清水）→切水→热风烘干→自动下料，设备所占面积不超过3 000 mm×2 000 mm，电源AC 380。

（4）类型选择。考虑清洗工艺、清洗机的最佳清洗对象、范围和价格等因素，根据所选零件族进行选择。如大批量生产时，由于节拍短，可选择机械抬起步伐式、直线通过式清洗机；中、小批量生产时，由于节拍较长，可选择回转式清洗机。另外，要考虑清洗机的平面布置，第一种清洗机的占地面积要比第二种清洗机大很多，通常为5倍以上，当然上述各点不是绝对的，特别是清洗正朝着复合化方向发展，最终还是要在工艺要求和资金平衡的条件下作出决定。

（5）参数选择。根据确定的零件族的典型零件选择清洗机最主要参数。

①清洁度。这是清洗机的主参数，主要取决于典型零件的外廓尺寸、零件的材料、清洁孔的数量和深度等。

②干燥度。零件清洗之后，必须保证足够的干燥度，否则会直接影响下一道工序的工作性能。干燥度的检测通常是通过目视的方法，如果要检测零件中各孔的干燥度，则使用其他的方法。

③清洗压力。选择正确的清洗压力是确保清洁度的一个关键因素，如果清洗压力不够，很难清洗干净零件表面的油污和机加工的残留物等，特别是深孔中的油污。中间清洗机的清洗压力通常在1.5 MPa左右，而最终清洗机的清洗压力则在3 MPa以上。

④过滤精度。现在很多的清洗机都是要用清洗液的，但是清洗液会给原油造成不必要的二度污染，因此清洗机最好是不使用清洗液。

⑤清洗温度。清洗温度直接影响到能否清洗干净零件表面和孔中油污。通常在自来水中添加一定量的清洗液，根据工件的大小和油污的多少决定使用哪种清洗液和配比量，通常的浓度为1.5%~4%；清洗液的温度通常为45~55 ℃。

7. 连续通过式清洗吹干机认识

（1）适用介质、清洗液：市水。清洗工艺见表4-10。

表4-10　清洗工艺

工位	工序方法	处理介质	喷淋压力	清洗温度	过滤精度	工艺时间
1	喷淋清洗	市水	3~5 kg	40 ℃±5 ℃	50 μm	3 min
2	喷淋清洗	市水	3~5 kg	40 ℃±5 ℃	20 μm	3 min
3	风刀切水	压缩空气	4~6 kg	室温	—	40 s
4	热风干燥	风机热风	—	90 ℃±5 ℃	精滤	3 min

（2）设备技术参数。

①清洗要求：除工件表面磨粉及颗粒，去水并保持基本干燥。

②链速：输送速度约0.15 m/min，连续运行，可调速0.1~0.5 m/min。

（3）设备要求：

①电源：AC 380（1±10%）V，三相五线。整机功率：约48 kW。

②气源：用户提供，0.4~0.6 MPa压缩空气（本机需耗气约30 m³/h）。

③水源：市水（建议用纯水，用户提供，≤1.0～2.0 t/h，压力为2～3 kgf。

④场地要求：长度2 500 mm，宽度1 100 mm。

⑤占地要求：设备整体外形尺寸约2 500 mm×1 200 mm×1 900 mm（$L×W×H$）mm

（3）连续通过式清洗吹干机外形如图4-19所示。

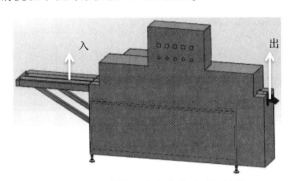

图4-19 连续通过式清洗吹干机外形

4.1.5 喷砂机选型

1. 喷砂机工作原理

喷砂机工作原理是利用压缩空气带动磨料（或弹丸）喷射到工件表面，对工件表面进行微观切削或冲击，以实现对工件的除锈、除漆、除表面杂质、表面强化及各种装饰性处理。广泛应用于船舶、飞机、冶金、矿山、铁路、桥梁、化工、车辆及重型机械工业制造中各种金属构件及焊接表面。同时又是对非金属（玻璃、塑料等）表面进行装饰、雕刻的理想设备。

2. 喷砂机分类

喷砂机是磨料射流应用最广泛的产品，喷砂机一般分为干喷砂机和液体喷砂机两大类，干喷砂机又可分为吸入式和压入式两类。

（1）吸入式干喷砂机。

①一般组成。一个完整的吸入式干喷砂机一般由六个系统组成，即结构系统、介质动力系统、管路系统、除尘系统、控制系统和辅助系统（图4-20）。

②工作原理。吸入式干喷砂机是以压缩空气为动力，通过气流的高速运动在喷枪内形成的负压将磨料通过输砂管，继而吸入喷枪并经喷嘴射出，喷射到被加工表面，达到预期的加工目的。在吸入式干喷砂机中，压缩空气既是供料动力，又是加速动力。

（2）压入式干喷砂机

①一般组成。一个完整的压入式干喷砂机工作单元一般由四个系统组成，即压力罐、介质动力系统、管路系统、控制系统。

②工作原理。压入式干喷砂机是以压缩空气为动力，通过压缩空气在压力罐内建立的工作压力将磨料通过出砂阀、压入输砂管并经喷嘴射出，喷射到被加工表面达到预期的加工目的。在压入式干喷砂机中，压缩空气既是供料动力，又是加速动力（图4-21）。

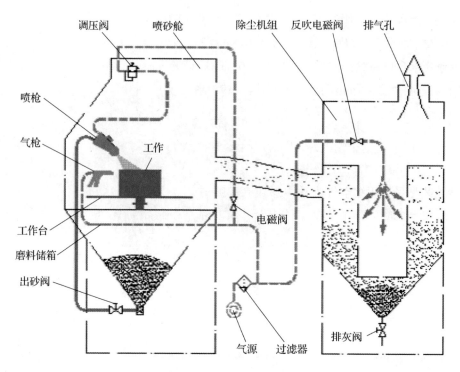

图 4 - 20 吸入式干喷砂机组成示意图

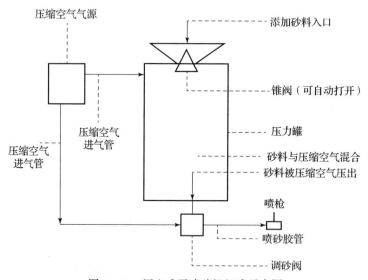

图 4 - 21 压入式干喷砂机组成示意图

（3）液体喷砂机。液体喷砂机相对于干喷砂机最大的特点是可以很好地控制喷砂加工过程中粉尘污染，改善喷砂操作的工作环境。

①一般组成。一个完整的液体喷砂机一般由五个系统组成，即结构系统、介质动力系统、管路系统、控制系统和辅助系统（图 4 - 22）。

②工作原理。液体喷砂机是以磨液泵作为磨液的供料动力，通过磨液泵将搅拌均匀的磨

液（磨料和水的混合液）输送到喷枪内。压缩空气作为磨液的加速动力，通过输气管进入喷枪，在喷枪内，压缩空气对进入喷枪的磨液加速，磨液经喷嘴射出并喷射到被加工表面，达到预期的加工目的。在液体喷砂机中，磨液泵为供料动力，压缩空气为加速动力。

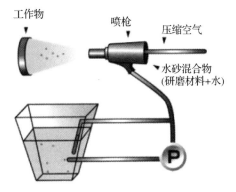

图4-22　液体喷砂机

3. 喷砂工艺应用

喷砂工艺是采用压缩空气为动力形成高速喷射束，将喷料等高速喷射到需处理工件表面，使工件外表面发生变化，由于磨料对工件表面的冲击和切削作用，工件表面获得一定的清洁度和不同的粗糙度，使工件表面的力学性能得到改善。

（1）工件涂镀、工件粘接前喷砂处理能把工件表面的锈皮等一切污物清除，并在工件表面建立起十分重要的基础图式（即通常所说的毛面），而且可以通过调换不同粒度的磨料，例如飞展磨料磨具的磨料，达到不同程度的粗糙度，大大提高工件与涂料、镀料的结合力；或使粘接件粘接更牢固，质量更好。

（2）铸造件毛面、热处理后工件的清理与抛光喷砂能清理铸锻件、热处理后工件表面的一切污物（如氧化皮、油污等残留物），并将工件表面抛光降低工件的粗糙度，使工件露出均匀一致的金属本色，外表更美观。

（3）机加工件毛刺清理与表面美化喷砂能清理工件表面的微小毛刺，并使工件表面更加平整，这消除了毛刺的危害，提高了工件的档次；并且喷砂能在工件表面交界处打出很小的圆角，使工件显得更加美观、更加精密。

（4）改善零件的力学性能，机械零件经喷砂后，能在零件表面产生均匀细微的凹凸面，使润滑油得到存储，从而使润滑条件改善，并减小噪声提高机械使用寿命。

（5）光饰作用。对于某些特殊用途工件，喷砂可随意实现不同的反光或哑光。如不锈钢工件、塑胶的打磨，玉器的磨光，木制家具表面哑光化，磨砂玻璃表面的花纹图案，以及布料表面的毛化加工等。

4. 清理等级

清理等级即清洁度，代表性国际标准有两种：第一种是美国1985年制定的SSPC级别；第二种是瑞典1976年制定的Sa级别，它分为四个等级，即Sa1、Sa2、Sa2.5、Sa3，为国际惯常通用标准，详细介绍如下。

Sa1级相当于美国SSPC-SP7级。一般采用简单的手工刷除、砂布打磨方法，这是四种等级中最低的一级，对涂层的保护仅仅略好于未处理的工件。Sa1级处理的技术标准为工件表面应不可见油污、油脂、残留氧化皮、锈斑和残留油漆等污物。Sa1级也叫作手工刷除清理级（或清扫级）。

Sa2 级相当于美国 SSPC – SP6 级。采用喷砂清理方法，这是喷砂处理中最低的一级，即一般的要求，但对于涂层的保护要比手工刷除清理提高许多。Sa2 级处理的技术标准为工件表面应不可见油腻、污垢、氧化皮、锈皮、油漆、氧化物、腐蚀物和其他外来物质（疵点除外），但疵点限定为不超过每平方米表面的 33%，可包括轻微阴影，少量因疵点、锈蚀引起的轻微脱色，氧化皮及油漆疵点。如果工件原表面有凹痕，则轻微的锈蚀和油漆还会残留在凹痕底部。Sa2 级也叫商品清理级（或工业级）。

Sa2.5 级是工业上普遍使用的并可以作为验收技术要求及标准的级别。Sa2.5 级也叫近白清理级（近白级或出白级）。Sa2.5 级处理的技术标准同 Sa2 要求前半部分一样，但疵点限定为不超过每平方米表面的 5%，可包括轻微暗影，少量因疵点、锈蚀引起的轻微脱色，氧化皮及油漆疵点。

Sa3 级相当于美国 SSPC – SP5 级，是工业上的最高处理级别，也叫作白色清理级（或白色级）。Sa3 级处理的技术标准与 Sa2.5 级一样，但 5% 的阴影、疵点、锈蚀等都不得存在。

5. 喷砂设备选择

（1）一般而言，喷砂效果主要由零件材料及喷砂磨料决定。根据零件材料的不同，喷砂磨料范围可从效果强烈的金属磨料到效果柔和的树脂磨料，同时干喷砂与液体喷砂亦是重点考虑的因素。

（2）生产效率确定设备种类。根据加工能力选择自动化喷砂生产线、半自动化喷砂设备、压入式喷砂机、吸入式喷砂机。

（3）工件尺寸确定设备规格。根据工件尺寸选择机舱大小，以便有足够的空间完成处理工作。

（4）压缩空气要求。根据设备规格确定空压机容量，并留 20% 裕量，以保护空压机使用寿命。

6. 主要参数

（1）影响喷砂加工的主要参数：磨料种类、磨料粒度、磨液浓度、喷射距离、喷射角度、喷射时间、压缩空气压力等。

（2）常用喷砂工艺参数，获得表面结果的三要素：压缩空气对喷射流的加速作用（喷砂压力大小的调节）（P）、磨料的类型（S）、喷枪距离（H）、角度（θ）。

（3）压力大小的调节对表面结果的影响。在 S、H、θ 三个量设定后，P 值越大，喷射流的速度越高，喷砂效率亦越高，被加工件表面越粗糙，反之，表面相对较光滑。

（4）喷枪的距离、角度的变化对表面结果的影响。在 P、S 值设定后，θ、H 为手工喷砂技术的关键，喷枪距工件一般为 50～150 mm，喷枪距工件越远，喷射流的效率越低，工件表面越光滑。喷枪与工件的夹角越小，喷射流的效率越低，工件表面越光滑。

（5）磨料类型对表面结果的影响。磨料按颗粒状态分为球形、菱形两类，喷砂通常采用的金刚砂（白刚玉、棕刚玉）为菱形磨料，玻璃珠为球形磨料。在 P、H、θ 三值设定后，球形磨料喷砂得到的表面结果较光滑，菱形磨料得到的表面则相对较粗糙，而同一种磨料又有粗细之分，国内按筛网数目划分磨料的粗细度，一般称为多少号，号数越高，颗粒度越小，在 P、H、θ 值设定后，同一种磨料喷砂号数越高，得到的表面越光滑。

（6）磨料选择。

①喷砂加工。喷砂加工范围：五金除锈、铝合金喷砂、玻璃喷砂（雾面效果）、塑胶喷砂（去毛边）、亚克力喷砂（雾面效果）、PC 和 PS 表面处理、树脂表面处理、铸造工件喷砂、锌合金喷砂（粗糙面）、锈钢材料喷砂、石材料喷砂、五金除油漆、五金件除焊疤、抛丸等配件表面处理。

②亚克力喷砂。如果客户要求雾面效果，一般采用玻璃喷砂，如果要求高一点则可以选用白刚玉。如果要求雾面程度不高有一定透明性就必须选用玻璃珠，有时会在玻璃珠中加一点玻璃砂，这样喷出来的效果就可达到要求。

③不锈钢喷砂。一般需要了解不锈钢是什么样的面板，有抛光面合金钢丸、拉丝面，还有原板的雾面，需要粗糙度的、对表面平滑度没有要求的，可以选用棕刚玉和白刚玉，有特殊要求、需要光滑的，选用玻璃珠和玻璃砂。

④压铸件喷砂。一般是去除毛刺低合金钢，可以使用抛丸机低合金钢、铸钢丸钢珠，使用钢珠钢丸喷砂抛丸物体表面擦伤少、刮痕浅且小，对于去除表面较厚污物的选用钢砂，一般可考虑钢珠和钢砂混合使用。如果想使喷砂的铝件颜色更白一些，应该考虑使用成本高的不锈钢丸、钢丝切丸，如果想节省成本，考虑铸钢珠和不锈钢丸按 8：2 的比例混合使用，喷砂抛丸时每工作一次便将钢珠清洗一次，多喷砂抛丸几次也可达到比较白的效果。

⑤铁件喷砂。铁件喷砂一般是去氧化层和除锈，去边刺，有些喷完砂会电镀低合金钢，有些会喷完砂后上油漆，一般是喷棕刚玉和白刚玉（根据颜色需求和经济成本考虑选用）。

其实对于钢结构、钢材、钢板的除锈喷砂等工作完全可以使用便宜的喷砂级白刚玉、石榴砂等天然砂料，一样可以达到要求的 Sa2.5 级别。

4.2　搬运单元选型

4.2.1　六轴工业机器人选型

1. 工业机器人组成

工业机器人一般由执行机构、控制系统、驱动系统及位置检测装置等部分组成。

（1）执行机构

执行机构是一种具有和人手脚相似动作功能的机械装置，又称操作机，由以下几个部分组成。

①手部。称抓取机构或夹持器，用于直接抓取工件或工具。若在手部安装专用工具，如焊枪、电钻、电动螺钉拧紧器等，就构成了专用特殊手部。工业机器人手部有机械夹持式、

真空吸附式、磁性吸附式等不同的结构形式。

②腕部。接手部和手臂的部件，用以调整手部姿态和方位。

③臂部。支撑手腕和手部的部件，由动力关节和连杆组成，用以承受工件或工具负荷。

④机座与立柱。支撑整个机器人的基础件，起到连接和支撑的作用，控制机器人活动范围和改变机器人位置。

（2）控制系统。控制系统是机器人的大脑，按给定的程序动作控制与支配机器人，并记忆人们示教的指令信息，如动作顺序、运动轨迹、运动速度等，可再现控制所存储的示教信息。

（3）驱动系统。驱动系统是机器人执行作业的动力源，按照控制系统发来的控制指令驱动执行机构完成规定的作业。常用的驱动系统有机械式、液压式、气动式及电气驱动式等不同的驱动形式。

（4）位置检测装置。通过附设的力、位移、触觉、视觉等不同传感器，检测机器人运动位置和工作状态，并随时反馈给控制系统，以便执行机构以一定精度和速度达到设定位置。

2. 工业机器人分类

机器人分类方法很多，这里仅按机器人的系统功能、驱动方式、结构形式及用途进行分类。

（1）按系统功能分类。

①专用机器人：在固定地点以固定程序工作的机器人，其结构简单、工作对象单一、无独立控制系统、造价低廉，如附设在加工中心机床上的自动换刀机械手。

②通用机器人：具有独立控制系统，通过改变控制程序完成多种作业的机器人。其结构复杂，工作范围大，定位精度高，通用性强，适用于不断变换生产品种的柔性制造系统。

③示教再现式机器人：具有记忆功能，在操作者示教操作后，能按示教的顺序、位置、条件与其他信息反复重现示教作业。

④智能机器人：采用计算机控制，具有视觉、听觉、触觉等多种感觉功能和识别功能的机器人，通过比较和识别，自主作出决策和规划，自动进行信息反馈，完成预定的动作。

（2）按驱动方式分类。

①气压传动机器人：以压缩空气作为动力源驱动执行机构运动的机器人，具有动作迅速、结构简单、成本低廉的特点，适用于高速轻载、高温和粉尘大的环境作业。

②液压传动机器人：采用液压元器件驱动，具有负载能力强、传动平稳、结构紧凑、动作灵敏的特点，适用于重载、低速驱动场合。

③电气传动机器人：用交流或直流伺服电动机驱动的机器人，不需要中间转换机构，机械结构简单、响应速度快、控制精度高，是近年来常用的机器人传动结构。

（3）按结构形式分类。

①直角坐标型机器人：这类机器人的手部在空间三个相互垂直的方向（X、Y、Z）上作移动运动，运动是独立的。其控制简单，运动直观性强，易达到高精度，定位精度高；但操作灵活性差，运动的速度较低，操作范围较小而占据的空间相对较大。

②圆柱坐标型机器人：这类机器人在水平转台上装有立柱，立柱安装在回转机座上，水平臂可以自由伸缩，并可沿立柱上下移动。其工作范围较大，运动速度较高，但随着水平臂沿水平方向伸长，线位移分辨精度越来越低。

③球坐标型机器人：也称极坐标型机器人，由回转机座、俯仰铰链和工作臂组成，具有两个旋转轴和一个平移轴。工作臂不仅可绕垂直轴旋转，还可绕水平轴作俯仰运动，且能沿手臂轴线作伸缩运动。其操作比圆柱坐标型机器人更为灵活，并能扩大机器人的工作空间，但旋转关节反映在末端执行器上的线位移分辨率是一个变量。

④关节型机器人：这类机器人由多个关节连接的机座、大臂、小臂和手腕等构成，大、小臂之间用铰链连接形成肘关节，大臂和立柱连接形成肩关节，大、小臂既可在垂直于机座的平面内运动，也可绕垂直轴转动。其操作灵活性最好，运动速度较高，操作范围大，但精度受手臂位姿的影响，实现高精度运动较困难。它能抓取靠近机座的物件，也能绕过机体和目标间的障碍物去抓取物件，具有较高的运动速度和极好的灵活性，成为最通用的机器人。

（4）按用途分类。工业机器人按用途可分为搬运机器人、焊接机器人、装配机器人、上下料机器人、码垛机器人、喷漆机器人、涂胶机器人、采矿机器人和食品工业机器人等。

3. 工业机器人主要技术参数

工业机器人技术指标反映了机器人适用范围和工作性能，是选择和使用机器人时必须考虑的关键问题。

①自由度。机器人自由度是指其末端执行器相对于参考坐标系能够独立运动的数目，但并不包括末端执行器的开合自由度。自由度是机器人的一个重要指标，它是由机器人的结构决定的，并直接影响到机器人是否能完成与目标作业相适应的动作。

②工作空间。机器人的工作空间是指机器人末端执行器上参考点所能达到的所有空间区域。由于末端执行器的形状尺寸是多种多样的，为真实反映机器人的特征参数，工作空间是指不安装末端执行器时的工作区域。

③额定速度、额定负载。机器人在保持运动平稳性和位置精度的前提下所能达到的最大速度称为额定速度，机器人在额定速度和规定性能范围内，机器人手腕所能承受负载的允许值称为额定负载。

④分辨率。机器人的分辨率由系统设计参数决定，并受到位置反馈检测单元性能的影响。分辨率分为编程分辨率和控制分辨率，统称为系统分辨率。编程分辨率是指程序中可以设定的最小距离单位，又称基准分辨率。控制分辨率是指位置反馈回路能检测到的最小位移量，当编程分辨率和控制分辨率相等时，系统性能达到最高。

⑤精度。机器人精度是指定位精度和重复定位精度。定位精度是指机器人手部实际到达位置与目标位置之间的差异；重复定位精度是指机器人重复定位同一目标位置的能力。

4. 工业机器人选型

在选择工业机器人时，为满足功能要求，必须从可搬运重量、工作空间、自由度等方面来分析，只有它们同时被满足或者增加辅助装置后即能满足功能要求条件，所选用工业机器人才是可用的。

机器人选用也常受机器人市场供应因素的影响，因此还需考虑市场价格，只有那些可用、价格低廉、性能可靠且有较好售后服务的机器人，才是最应该优先选用的。

目前，机器人在许多生产领域中得到了广泛应用，如装配、焊接、喷涂和搬运码垛等。各种应用领域必然会有各自不同的环境条件，为此，机器人制造厂家根据不同的应用环境和作业特点，不断地研究、开发和生产出各种类型的机器人供用户选用。各生产厂家都对自己的产品给出了最合适的应用领域，不仅考虑了功能要求，还考虑了其他应用问题，如强度、刚度、轨迹精度、粉尘及温湿度等特殊要求。

同时还要考虑工作站对生产节拍的要求。生产节拍（生产周期）是指机器人工作站完成一个工件规定的处理作业内容所要求的时间，也就是用户规定的生产量对机器人工作站工作效率的要求。在总体设计阶段，首先要根据计划年产量计算出生产节拍，然后对具体工作进行分析，计算各环节处理动作的时间，确定出完成一个工件处理作业的生产周期。

工业机器人选型时还要着重考虑负载能力、工作范围、重复精度等技术参数是否满足要求。

5. KR 10 R1100 sixx 认知

上料单元任务：①将板料搬送至激光切割机上待切割位置，其中板料为不锈钢板，尺寸 400 mm×400 mm（误差小于 1 mm），厚度 2.0 mm，重量约 2.5 kg；②将切割完后剩余废料从激光切割机上搬送至废料框。选用 KR 10 R1100 sixx 六轴工业机器人，如图 4-23 所示。

图 4-23　KUKA 六轴工业机器人

（1）主要技术参数（表 4-11）。

表 4-11　主要技术参数

机器人型号 KR 10 R1100 sixx		KR 10 R1100
轴数		6
最大运动半径		1 101 mm
额定负载		10 kg
运动范围	J1 回转	-170° ~ +170°
	J2 立臂	-190° ~ +45°
	J3 横臂	-120° ~ +156°
	J4 腕	-185° ~ +185°
	J5 腕摆	-120° ~ +120°
	J6 腕转	-350° ~ +350°
重复精度		±0.03 mm
机械本体重量		54 kg
安装方式		落地式、倒置式、壁挂式
防护等级		IP54
底座尺寸		209 mm×207 mm
使用环境	温度	+5 ℃ ~ +45 ℃
	湿度	—

（2）工作区域（图 4-24）。

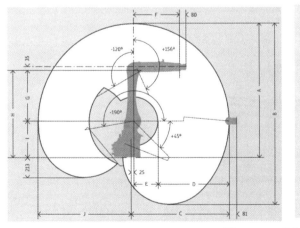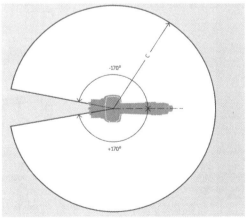

图 4-24　工作区域

（3）工作行程（表4－12）。

表4－12　工作行程

工作行程	A	B	C	D	E	F	G	H	I	J
KR 10 R1100 sixx/mm	1 476	1 988	1 101	813	288	515	560	960	400	1 051

6. 直角机械手认知

直角机械手主要负责生产过程中的产品搬运，衔接激光切割机、数控精雕机和双端面磨床之间的上下料工作（图4－25）。

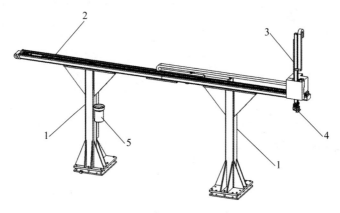

图4－25　直角机械手示意图

1—支撑柱；2—X轴走行单元；3—Z轴单元；4—手爪；5—去毛刺机

7. SCARA平行机械手认知

整条产线上共有两处SCARA平行机械手（图4－26），分别位于喷砂机前序及检测单元后序，两台SCARA平行机械手负责喷砂机前序和检测单元后序搬运工作。

图4－26　SCARA平行机械手示意图

（1）喷砂机前序SCARA平行机械手基本参数。平行机械手型号为YK600－XGL150，基本参数如表4－13所示。

表 4 – 13　YK600 – XGL150 基本参数

		X 轴	Y 轴	Z 轴	R 轴
轴规格	臂长/mm	350	250	150	—
	旋转范围/(°)	±140	±144	—	±360
马达输出 AC/W		200	150	50	100
减速机构	减速器	谐波齿轮驱动	谐波齿轮驱动	滚珠螺杆	谐波齿轮驱动
	传导方式　马达和减速器直接连接	直接			
	传导方式　减速器和输出直接连接	直接			
反复定位精度[1]（XYZ：mm）[R：(°)]		±0.01		±0.01	±0.004
最高速度（XYZ：(m/s)[R：(°)/s]		4.9		1.1	1 020
最大搬运重量/kg		5			
标准周期时间（2 kg）可搬运时间[2]/s		0.63			
R 轴允许惯性力矩[3]（kg·m²）		0.05 kg·m²（0.5 kgf·m²）			
用户配线（sq×根）		0.2×10			
用户配管（外径）		ϕ4×3			
动作限位设定		软限制、限位器（X、Y、Z 轴）			
机器人电缆长度/m		标准3.5，选配5，10			
主机重量/kg		22 kg			

注：①周围温度一定时的值（X、Y 轴）。

②水平方向 300 mm，垂直方向 25 mm 往返，粗定位时。

③在加速度系数的设定上有限制。

YK600 – XGL150 适用控制器如表 4 – 14 所示。

（2）喷砂机前序 SCARA 平行机械手工作范围（图 4 –27）。

表 4 - 14 YK600 - XGL150 适用控制器

控制器	电源容量/V·A	运行方法
RCX240S	1 000	程序 迹点定位 遥控命令 在线命令

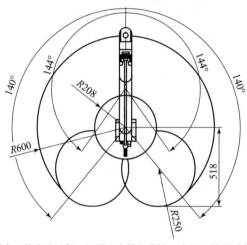

- 上述动作范围中，基座法兰部、机器人电缆和花键、法兰工具不可在干扰位置使用。
- X轴限位器位置：142°
- Y轴限位器位置：146°

图 4 - 27 YK600 - XGL150 工作范围

（3）检测单元后序 SCARA 平行机械手基本参数。平行机械手型号为 YK400 - XR150，基本参数如表 4 - 15 所示。

表 4 - 15 YK400 - XR150 基本参数

			X 轴	Y 轴	Z 轴	R 轴
轴规格	臂长/mm		225	175	150	—
	旋转范围/(°)		±132	±150	—	±360
	马达输出 AC/W		200	100	100	100
减速机构	减速器		谐波齿轮驱动	谐波齿轮驱动	滚珠螺杆	皮带减速
	传导方式	马达和减速器	直接连接		同步带	
		减速器和输出	直接连接			同步带

	X 轴	Y 轴	Z 轴	R 轴
反复定位精度[①] （XYZ：mm）［R：（°）］	±0.01		±0.01	±0.01
最高速度（XYZ：m/s） ［R：（°）/s］	6		1.1	2 600
最大搬运重量/kg	3（标准规格）、2（选配件规格[④]）			
标准周期时间（2 kg） 可搬运时间[②]/s	0.45			
R 轴允许惯性力矩[③]/kg·m²	0.05 kg·m²（0.5 kgf·m²）			
用户配线（sq×根）	0.2×10			
用户配管（外径）	$\phi4\times3$			
动作限位设定	软限制、限位器（X、Y、Z 轴）			
机器人电缆长度/m	标准3.5，选配5，10			
主机重量/kg	17 kg			

注①周围温度一定时的值（X、Y 轴）。

②水平方向 300 mm、垂直方向 25 mm 往返，粗定位拱形动作时。

③需要根据实际使用环境输入惯性力矩。

④选配件规格（用户配线配管花键中通规格）时，最大搬运重量为 2 kg。

YK400 – XR150 适用控制器如表 4 – 16 所示。

表 4 – 16　YK400 – XR150 适用控制器

控制器	电源容量/V·A	运行方法
RCX340	1 000	程序 遥控命令 在线命令

（4）检测单元后序 SCARA 平行机械手工作范围（图 4 – 28）。

4.2.2　AGV 选型

无人搬运车（Automated Guided Vehicle，AGV）指装备有电磁或光学等自动导引装置，能够沿规定导引路径行驶，具有安全保护及各种移载功能，工业应用中不需要驾驶员的搬运车，以可充电的蓄电池为动力来源。一般可通过计算机来控制其行进路线及行为，或利用电

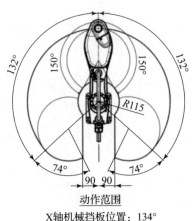

动作范围

X轴机械挡板位置: 134°
Y轴机械挡板位置: 154°

图 4 – 28　YK400 – XR150 工作范围

磁轨道（Electromagnetic Path – Following System）来设立行进路线，电磁轨道粘贴于地板上，无人搬运车则依循电磁轨道所带来的信息进行移动与动作。

AGV 以轮式移动为特征，较步行、爬行或其他非轮式的移动机器人具有行动快捷、工作效率高、结构简单、可控性强、安全性好等优势。与物料输送中常用的其他设备相比，AGV 活动区域无须铺设轨道、支座架等固定装置，不受场地、道路和空间限制。因此，在自动化物流系统中，最能充分体现其自动性和柔性，实现高效、经济、灵活的无人化生产。

1. AGV 工作原理

AGV 导引是指根据 AGV 导向传感器所得到的位置信息，按 AGV 路径所提供的目标值计算出 AGV 的实际控制命令值，即给出 AGV 的设定速度和转向角，这是 AGV 控制技术的关键。简而言之，AGV 的导引控制就是 AGV 轨迹跟踪。AGV 导引有多种方法，例如利用导向传感器的中心点作为参考点，追踪引导磁条上的虚拟点。AGV 的控制目标是通过检测参考点与虚拟点的相对位置，修正驱动轮的转速以改变 AGV 的行进方向，尽量使参考点位于虚拟点的上方，这样 AGV 就能始终跟踪引导线运行。

当接收到物料搬运指令后，控制器系统就根据所存储的运行地图和 AGV 当前位置及行驶方向进行计算、规划分析，选择最佳的行驶路线，自动控制 AGV 的行驶和转向，当 AGV 到达装载货物位置并准确停位后，移载机构动作，完成装货过程。然后 AGV 启动，驶向目标卸货点，准确停位后，移载机构动作，完成卸货过程，并向控制系统报告其位置和状态。随之 AGV 启动，驶向待命区域。待接到新的指令后再做下一次搬运。

2. AGV 的结构组成

（1）车体。AGV 的物理主体部分由车架和相应的机械装置所组成，是其他总成部件的安装基础。

（2）驱动电源装置。AGV 常采用 24 V 和 48 V 直流蓄电池为动力。常采用铅酸电池或锂电池，锂电池可自动充电，可 24 h 工作。

（3）驱动装置。由车轮、减速器、制动器、驱动电机及速度控制器等部分组成，是控制 AGV 正常运行的装置。其运行指令由计算机或人工控制齐发出，运行速度、方向、制动的调节分别由计算机控制。为了安全，在断电时制动器能靠机械实现制动。

（4）导引装置。磁导传感器＋地标传感器接收导引系统的方向信息，通过导引＋地标传感器来实现 AGV 的前进、后退、分岔、出站等动作。

（5）车上控制器。接收控制中心的指令并执行相应的指令，同时将本身的状态（如位置、速度等）及时反馈给控制中心。

（6）通信装置。实现 AGV 与地面控制站及地面监控设备之间的信息交换。

（7）安全保护装置。障碍物感应器＋物理防撞（感应器下黑色皮条）＋急停开关，主要对人、AGV 本身或其他设备等进行保护。

（8）运载装置。牵引棒与所搬运货物直接接触，是实现货物运载的装置。

（9）信息传输与处理装置。对 AGV 进行监控，监控 AGV 所处的地面状态，并与地面控制站实时进行信息传递。

3. AGV 路径导引系统

AGV 包含一个自动导引系统，依靠它沿一定的路线自动行驶。不同类型 AGV 系统中采用的自动导引技术各不相同，各导引技术将直接影响 AGV 系统各方面的性能。

根据 AGV 系统中运行路线的性质，导引系统可分为固定路径导引、自由路径导引和组合路径导引三种，如图 4 - 29 所示。

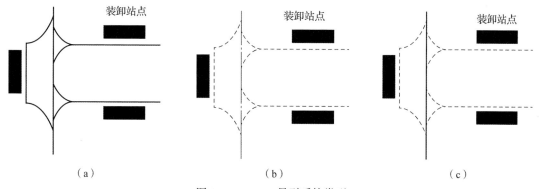

图 4 - 29　AGV 导引系统类型

固定路径导引是指 AGV 运行路线是以某种具体的形式规定的，如图 4 - 29（a）所示。具体的路线是电磁感应导引中的导引电缆、磁导引中的磁条和光学导引中的反光带等。

自由路径导引是指 AGV 运行路线是无任何具体形式的运行轨道，AGV 沿虚拟路线运行，如图 4 - 29（b）所示。这种虚拟路线由控制系统间接通过一些指示装置来确定，计算机视觉等导引方式均属此类。

组合路径导引是指 AGV 在多数工作区间内沿某种具体形式的固定路线运行，而在某些区域可沿控制系统指定的虚拟路线运行，如图4-29（c）所示，两种路径分别用实线和虚线来表示。一般综合使用上述两类导引方式中的不同导引技术。

一般而言，固定路径导引实施较容易，技术较为成熟，但运行路线的更改相对较困难。自由路径导引的成本较高，同时在实际应用中还有一些具体问题需要解决，但AGV运行路线的更改容易，柔性较高。组合路径导引可综合以上两类导引系统的优点。

4. AGV 制导方式

AGV是智能化移动机器人，是现代工业自动化物流系统的主要设备，AGV导航系统的功能保证AGV沿正确路径行走，并保证一定行走精度。AGV制导方式按有无导引路线分为三种：一是有固定路线的方式；二是半固定路线的方式，包括标记跟踪方式和磁力制导方式；三是无路线方式，包括地面帮助制导方式、用地图上的路线指令制导方式和在地图上搜索最短路径制导方式。

目前有4种常见固定路线的制导方式：电磁制导方式、光学控制带制导方式、激光制导方式和超声波制导方式。

（1）电磁制导方式。该方式需在AGV行走的路线下埋设专用的电缆线，通以低频正弦波电流，从而在电缆周围产生磁场。AGV上的电磁感应传感器检测到磁场强度，在AGV沿线路行走时，输出磁场强度差动信号，车上控制器根据该信号进行纠偏控制（图4-30）。该方式可靠性高，经济实用，是目前最为成熟且应用最广的制导方式。它的主要缺点是AGV路径改变很困难，而且埋线对地面要求较高。

（2）光学控制带制导方式。利用地面颜色与漆带颜色的反差，漆带在明亮的地面上涂为黑色，或在黑暗的地面上涂为白色。AGV上装备有发射和接收功能的红外光源，用以照射漆带。AGV上装有光学检测器，均匀分布在漆带及两侧位置上，检测不同的组合信号，以控制AGV的方向，使其跟踪路径。可以采用模糊控制算法对AGV进行控制。该方法的缺点是：漆带颜色需保持鲜明，否则光学传感器检测到的信号变弱。因此，需要经常对漆带颜色进行加深。光学控制带制导方式如图4-31所示。

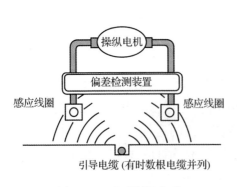

图4-30　电磁制导方式

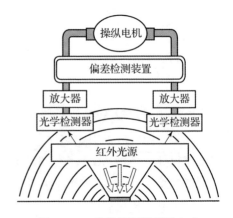

图4-31　光学控制带制导方式

（3）激光制导方式。该方式是在 AGV 行走路径的特定位置处，安装一批激光或红外光束的反射镜。在 AGV 行驶过程中，车上的激光扫描头不断地扫描周围环境，当扫描到行驶路径周围预先垂直安装的反射板时，即"看见"了"路标"。只要扫描到三个或三个以上的反射板，即可根据它们的坐标值及各块反射板相对于车体纵向轴的方位角，计算出 AGV 当前在全局坐标系中的 X，Y 坐标和当前行驶方向与该坐标系 X 轴的夹角，实现准确定位和定向。该制导方式的特点是，当提供了足够多反射镜面和宽阔的扫描空间后，AGV 制导与定位精度十分高。该方法的缺点是成本昂贵，传感器、反射装置等设备安装复杂，且计算很复杂。激光制导方式如图 4 – 32 所示。

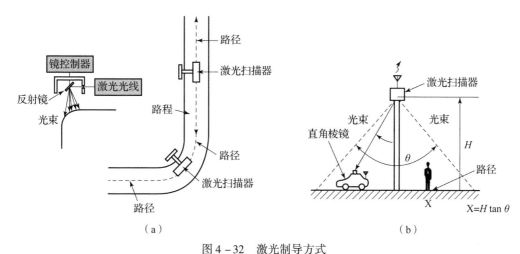

图 4 – 32　激光制导方式

（a）从高处用光束扫描路径；（b）移动物体的 X 坐标可由 H 和 θ 求得

（4）超声波制导方式。该方式类似于激光/红外测量方式，不同之处在于不需要设置专门的反射镜面，而是利用一般的墙面或类似物体进行引导，因而在特定环境下提供了更大的柔性和低成本的方案。但由于反射面大，在制造车间环境下应用常常有困难。

5. AGV 路线与调度方法

AGV 路线优化和实时调度是当前 AGV 领域的一个研究热点。人们在实际中采用的方法主要有以下三种。

（1）数学规划方法。为 AGV 选择最佳的任务及最佳路径，可以归纳为一个任务调度问题。数学规划方法是求解调度问题最优解的传统方法，该方法的求解过程实际上是一个资源限制下的寻优过程。实用的方法主要有整数规划、动态规划、petri 方法等。在小规模调度情况下，这类方法可以得到较好的结果，但是随着调度规模的增加，求解问题耗费的时间呈指数增长，限制了该方法在大规模实时路线优化和调度中应用。

（2）仿真方法。仿真方法是指通过对实际的调度环境建模，从而对 AGV 的一种调度方案的实施进行计算机的模拟仿真。用户和研究人员可以使用仿真手段对某些调度方案进行测试、比较、监控，从而改变和挑选调度策略。实际中采用的方法有离散事件仿真方法、面向对象的仿真方法和三维仿真技术，有许多软件可以用于 AGV 的调度仿真，其中，Lanner 集团的 Witness 软件可以快速建立仿真模型，实现仿真过程三维演示和结果的分析处理。

（3）人工智能方法。人工智能方法把 AGV 的调度过程描述成一个在满足约束的解集搜索最优解的过程。它利用知识表示技术将人的知识包括进去，同时使用各种搜索技术力求给出一个令人满意的解。具体的方法有专家系统方法、遗传算法、启发式算法、神经网络方法。其中，专家系统方法在实际中较多采用，它将调度专家的经验抽象成系统可以理解和执行的调度规则，并且采用冲突消解技术来解决大规模 AGV 调度中的规则膨胀和冲突问题。

由于神经网络具有并行运算、知识分布存储、自适应性强等优点，因此，它成为求解大规模 AGV 调度问题的一个很有希望的方法。目前，用神经网络方法成功求解了 TSP – NP 问题，求解中，神经网络能把组合优化问题的解转换成一种离散动力学系统的能量函数，通过使能量函数达到最小而求得优化问题的解。

遗传算法是通过模拟自然界生物进化过程中的遗传和变异而形成的一种优化求解方法。遗传算法在求解 AGV 的优化调度问题时，首先通过编码将一定数量的可能调度方案表示成适当的染色体，并计算每个染色体的适应度（如运行路径最短），通过重复进行复制、交叉、变异寻找适应度大的染色体，即 AGV 调度问题的最优解。

单独用一种方法来求解调度问题往往存在一定的缺陷。目前，将多种方法进行融合来求解 AGV 的调度问题是一个研究热点。如将专家系统方法和遗传算法融合，把专家的知识融入初始染色体群的形成中，以加快求解速度和质量。

6. AGV 选型

AGV 的车型是保证 AGV 物流搬运系统运行的关键因素，选用 AGV 类型主要考虑以下因素。

（1）运送物品的特点。要求提供物品的长、宽、高、重量、成箱或散料、温度、气味、有无毒害及其他对作业环境会产生影响的因素。

（2）运送物品的环境。作业环境可能为室内、室外、过跨、越沟、高温、高湿、冷藏、暗房、与其他通过运输装置的交叉、出入门洞、楼层提升等。

（3）运送首尾装置的接口。被运送的物品使用的移载装置和送到目的地的移载装置可以是货架、货台、库房、工作站、滚道、悬挂输送、机械手、其他车辆等，还应考虑如何进行定位、对准、识别、记录、显示、标记，要适当确定接口移载的自动化程度。

（4）适应 AGV 类型要求。应考虑 AGV 结构、功能、控制系统层次、通信联系、寻呼方式、待机位置、充电方式等，使 AGV 类型与 AGVS 类型紧密匹配。

（5）确定 AGV 的导引方式，只有符合企业生产要求的 AGV，才能为企业带来最大的效益。

4.3　工装夹具设计

原材料是长×宽为 400 mm×400 mm、厚度为 2.5 mm、重量为 3.18 kg 的 304 不锈钢板，

如图 4 – 33 所示，加工成品为形状各异、表面图样不同的具有个性化的徽章、标牌吊坠、起瓶器等饰件，如图 4 – 34 所示。

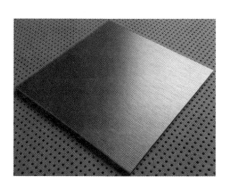

图 4 – 33　不锈钢薄板原材料

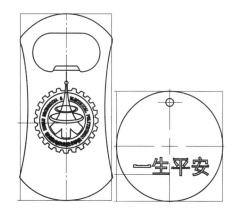

图 4 – 34　成品样品

加工工艺流程为外形定型、表面图案定型、表面处理、视觉检测和包装等，为此，设立了激光切割下料、图案表面精雕、端面抛光、表面清洗和喷砂、视觉检测和打包等工作单元。基于生产线规划的柔性生产、精益制造、平面布置等原则，各加工单元串联布置。

机器人实现原料上料、半成品和成品的转运。六轴工业机器人完成激光切割机原料上料和废料下料工作，直角坐标型机器人完成半成品在激光切割机、精雕机和双端面磨床之间的转运，四轴 SCARA 机器人完成喷砂机上下料及打包机上料工作，机器人与各工作站并行嵌入在各工作单元之间，完整的产线布局图如图 3 – 2 所示。

4.3.1　各加工单元夹具设计

1. 激光切割机单元夹具设计

激光切割机单元夹具结构示意图如图 4 – 35 所示，基准角提供激光切割机粗略加工基准，支撑顶针平台固定并支撑金属薄板，以保证加工后的半成品不会掉落，供直角坐标型机器人手爪抓取。废料回收簸箕接收加工后掉落的较大废料，供六轴工业机器人手爪抓取废料。

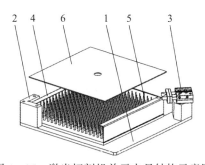

图 4 – 35　激光切割机单元夹具结构示意图

1—夹具底盘；2—固定基准角；3—可动基准角；4—废料回收簸箕；5—支撑顶针；6—原料

夹具底盘：夹具各部件安装基板。

固定基准角：每次来料靠固定基准。

可动基准角：每次来料将其推向固定基准并顶紧来料不晃动。

废料回收簸箕：接收激光切割通孔时掉落的废料。

支撑顶针：支撑来料及加工后工件。

原料：来料钣金。

（1）夹具参数说明。

①如图4-36所示，本夹具可装夹板料为尺寸400 mm×400 mm、长宽误差小于2 mm的钣金件。

②板料厚度2.0 mm，平面度要求在0.5 mm以内，使用之前钢板必须保持清洁、干燥，并用专用检具检测平面度是否符合要求。

③如图4-36所示，支撑顶针之间的间距为15 mm。

④夹具在激光切割机上位置如图4-37所示，整个夹具装在由两幅直线模组组成的X、Y平面上。

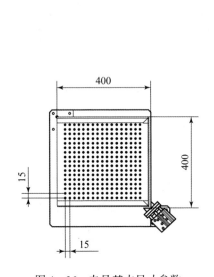

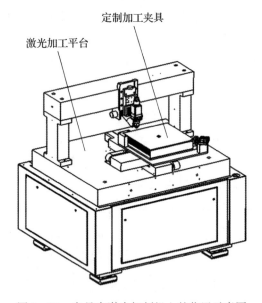

图4-36　夹具基本尺寸参数　　　　图4-37　夹具在激光切割机上的位置示意图

（2）夹具使用注意事项。

①来料尺寸需严格遵守夹具参数提到的长宽、厚度及平面度。长宽不符合要求时，夹具无法将来料夹紧，切割时来料会惯性跑动，影响切割效果；厚度及平面度超标时，极大可能撞坏激光头。

②支撑顶针间距为15 mm，只能掉落小于15 mm的废料，当有大于15 mm的废料时，需切割程序增加路径，将废料切成小于15 mm的尺寸，保证废料能掉落至废料回收簸箕。如废料不能顺利掉落废料回收簸箕，极大可能翻起，致使撞坏激光头。

③激光切割一段时间，平台上会残留很多粉末状废屑，请定期清理废屑，保证直线模组平台移动顺畅。

2. 精雕机单元夹具设计

精雕单元及其吸附夹具结构示意图如图4-38所示，本夹具采用真空吸附原理，当直角坐标型机器人手爪将半成品搬送至精雕机时，真空吸附开启，将其吸附固定在夹具表面，以便雕刻加工，结构示意图如图4-39所示。简易风干器将每次加工后附着在吸附夹具表面的切削液吹干，这样下次加工时，工件能牢固地吸附在夹具上，保证精雕机加工时工件不会因为切削力偏离加工基准（图4-40）。

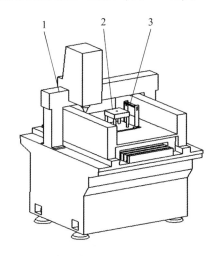

图4-38　精雕单元及其吸附夹具结构示意图

1—精雕机；2—吸附夹具；3—简易风干器

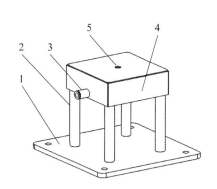

图4-39　吸附夹具构造示意图

1—夹具安装底板；2—夹具抬高柱；3—气管接头；

4—夹具体；5—真空吸附区

精雕机：雕刻工件的主机。

吸附夹具：牢固吸附工件供精雕机加工。

简易风干器：吹干吸附夹具上的切削液，保证吸附夹具能牢固吸附工件。

真空发生器：提供吸附夹具真空负压。

储液罐：临时存储吸附夹具表面的切削液。

真空过滤器：过滤切削液等水、油，保护真空发生器。

使用注意事项与维护保养：

①吸附夹具的中心为加工基准，其相对于机床原点的位置参数已在机床中设定，不要随意拆卸夹具，以免丢失加工基准。

②吸附夹具的使用环境恶劣，因此使用一段时间

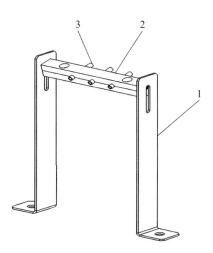

图4-40　简易风干器结构示意图

1—安装座；2—气管夹；3—气管

后，夹具上表面白色胶皮会有损伤，导致真空效果不佳。此时应调用机床系统的固定程序，将夹具上表面白色胶皮的损伤部分降面削除。

说明：调取固定程序及降面削除由精雕机厂商进行培训讲解。

③白色胶皮降面削除后，Z向高度基准会发生变化，需对Z向基准重新校对。

说明：Z向基准校对方法由精雕机厂商进行培训讲解。

④由于真空吸附的作用，一部分切削液会被吸入气管，并进入真空过滤器，因此需定期检查真空过滤器，对其进行清理。注意，真空过滤器有方向，请按照箭头指示安装，切不可装反。

⑤如发现吸附区无吸附力，则检查吸附区小孔是否堵塞、气管与气管接头是否连接紧固、气管有无破损或者真空发生器是否工作正常。

3. 双端面磨床单元夹具设计

双端面抛光单元对半成品正、反两面进行研磨，去除表面瑕疵，降低表面粗糙度，结构示意图如图4-41所示。该单元上料由直角坐标型机器人手爪和送料盘负责，下料由下料溜板及下料输送带完成。送料盘由15个孔位组成，每个孔位可放置一种或多种工件，带动半成品从磨床上下磨头之间穿过，完成上下表面的抛光处理。送料盘由伺服电机控制顺时针转动，工件跟随送料盘进入磨床磨削，再跟随送料盘退出磨床。下料输送带将抛光后半产品传送至清洗机。

图4-41 双端面抛光单元及其夹具结构示意图

1—磨床主机；2—磨床踏板水箱；3—磨床水箱；4—送料盘；5—下料溜板；6—下料输送带

（1）送料盘。该送料盘由15个孔位组成，每个孔位可放置一种或多种工件，主要功能是带动工件从磨床上下磨头之间穿过，完成工件上下表面抛光处理。其结构示意图如图4-42所示。

送料盘孔位编号如图4-42所示，从图中编号1开始，逆时针编号，共15个编号，各自代表不同工件的工位编号，在数据库录入之初，将编号对应工件录入系统。送料盘各孔位尺寸及所放工件尺寸范围如表4-17所示。

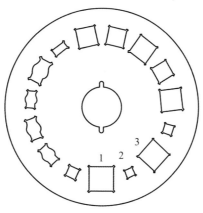

图 4 – 42　送料盘示意图

表 4 – 17　送料盘规格参数

编号	孔位大小	可放置圆形工件的尺寸范围	可放置矩形工件的尺寸范围	可放置方形工件的尺寸范围
1	□100 × 100	$\phi95 \sim \phi100$	—	□95 ~ □100
2	□35 × 35	$\phi30 \sim \phi34$	—	□30 ~ □34
3	□95 × 95	$\phi90 \sim \phi94$	—	□90 ~ □94
4	□40 × 40	$\phi35 \sim \phi39$	—	□35 ~ □39
5	□90 × 90	$\phi85 \sim \phi89$	—	□85 ~ □89
6	□70 × 70	$\phi65 \sim \phi69$	—	□65 ~ □69
7	□85 × 85	$\phi80 \sim \phi84$	—	□80 ~ □84
8	□75 × 75	$\phi70 \sim \phi74$	—	□70 ~ □74
9	□80 × 80	$\phi75 \sim \phi79$	—	□75 ~ □75
10	□30 × 60	/	□29 × 59 ~ □30 × 60	—
11	□50 × 100	$\phi60 \sim \phi64$	□45 × 90 ~ □49 × 99	—
12	□35 × 70	$\phi45 \sim \phi49$	□30 × 60 ~ □34 × 69	—
13	□45 × 90	$\phi55 \sim \phi59$	□40 × 80 ~ □44 × 89	—
14	□40 × 80	$\phi50 \sim \phi54$	□35 × 70 ~ □39 × 79	—
15	□45 × 45	$\phi40 \sim \phi44$	—	□40 ~ □44

注：表格中"—"表示不可放置此种形状的工件。

（2）下料输送带。下料输送带主要功能为将经过磨床打磨抛光之后的产品传送至清洗机，以便下一步工序的进行。其结构示意图如图 4 – 43 所示。

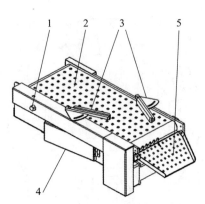

图4-43　下料输送带结构示意图

1—张紧装置；2—皮带；3—导向条；4—维修门；5—滑板

下料输送带基本参数如表4-18所示。

表4-18　下料输送带基本参数

项目类型	传送速度	工作电压
参数	4~7 m/s	220 V 交流电

（3）使用注意与保养维护。在使用过程中需注意以下七点：

①送料盘的厚度为1.5 mm，磨削工件的厚度需大于此厚度，否则磨不到工件，且损伤送料盘。

②在频繁断电或者电压不稳定的情况下，关停下料输送带，以免损坏电机。

③导向条的作用是保证工件尽量位于皮带中间，请勿随意移动。

④请勿拆除滑板表面钢珠，否则可能导致工件无法顺利下滑。

⑤下料输送带运转过程中，请勿触摸皮带。

⑥请根据使用频率及时检查输送带的链轮、链条，并涂抹润滑油。

⑦如果发现皮带有打滑现象，请关停设备，调节张紧装置，直至皮带正常运转。

4. 视觉检测定位单元夹具设计

工件经过清洗机输送带至图4-44所示入口处，进入CCD视觉检测单元。视觉检测单元采用康耐视IS1403视觉检测系统，配专用检测光源，具有检测速度快、精度高等特点。其主要部件结构示意图如图4-44所示。

（1）检测单元工作流程。CCD视觉检测单元有两个检测工位，共用一个检测CCD相机，如图4-45所示。工件由输送带输送，经过第一个检测工位时，CCD相机进行拍照定位作业，并将数据发送给第一个SCARA机械手，完成后续作业动作；工件经过第二个检测工位时，CCD相机由无杆缸驱动从工位一移至工位二，进行外形、图案及定位检测，并将数据发送给第二个SCARA机械手，完成后续作业动作。

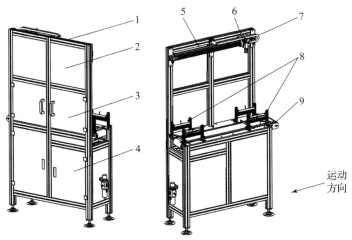

图 4 – 44　CCD 视觉检测台示意图

1—台架；2—有机玻璃视窗；3—有机玻璃门；4—电气柜门；5—无杆缸；6—CCD 视觉镜头；

7—镜头线保护拖链；8—可调光源；9—输送带

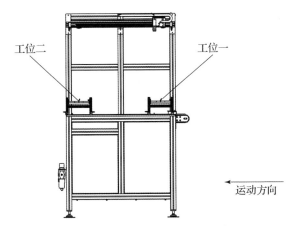

图 4 – 45　CCD 视觉检测工位示意图

（2）CCD 视觉检测单元基本参数。CCD 视觉检测单元基本参数如表 4 – 19 所示。

表 4 – 19　CCD 视觉检测单元基本参数

机械类型	YN07W310 – 02 – S001
基本尺寸	1 100 mm × 440 mm × 1 890 mm
电机工作电压	220 V 交流电
无杆缸行程	800 mm
CCD 视野范围	160 mm × 120 mm
皮带运动速度	4 ~ 7 m/s

（3）使用与维护保养说明。本检测台属于精密检测设备，故在使用过程中务必注意以下四点。

①禁止用手触摸视觉镜头，拆卸镜头。

②不得拆卸台架底部地脚螺钉，以免造成晃动，影响检测结果。

③输送带运转过程中，请勿触摸皮带。

④镜头详细使用说明见镜头专门说明书。

5. 喷砂机单元夹具设计

饰件表面面积较小，重量较轻，同时考虑前后工序下上料需求，采用水平机械手进行产品上下料，末端夹具采用吸附装置，喷砂单元主要构造如图4-46所示，喷砂单元负责清洗工艺后成品表面处理。

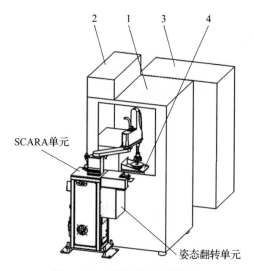

图4-46　喷砂单元主要构造

1—主体设备；2—电控箱；3—过滤除尘箱；4—喷砂夹具

喷砂单元整个工艺顺序如下：

①水平机械手将产品吸取放至喷砂夹具并退出喷砂室；

②喷砂夹具吸取产品，喷砂机舱门关闭开始喷砂；

③喷砂完后舱门打开，喷砂夹具释放产品；

④水平机械手将产品取出放至姿态翻转单元；

⑤姿态翻转单元将产品换面；

⑥水平机械手将产品吸取放至喷砂夹具并退出喷砂室；

⑦喷砂夹具吸取产品，喷砂机舱门关闭开始喷砂；

⑧喷砂完后舱门打开且喷砂夹具释放产品；

⑨水平机械手下料，一次作业循环结束。

（1）喷砂夹具。喷砂夹具构造示意图如图4-47所示，驱动电机及电机调速器位于喷砂室（图4-46）外侧，以防沙尘损坏电机。旋转吸盘位于喷砂室内侧，吸附成品并旋转，使沙尘能够均匀喷撒在成品表面。

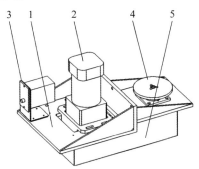

图4-47 喷砂夹具构造示意图

1—夹具底座；2—驱动电机；3—电机调速器；4—旋转吸盘；5—护罩

（2）姿态翻转单元设计。为保证产品上下表面一致性，以及提高产品美观度，在喷砂和水平机械手搬运之间增加一道产品姿态反转工序，使产品进行第二次上料和喷砂，姿态翻转单元结构示意图如图4-48所示。本单元由两个吸盘构成：一个为翻转横移吸盘，由旋转气缸及笔形气缸驱动，具有翻转、横移功能；另一个为竖移吸盘，由紧凑气缸驱动，具有竖移功能。两者组合可完成工件180°翻转。

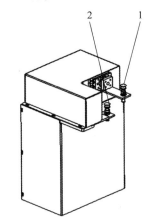

图4-48 姿态翻转单元结构示意图

1—翻转横移吸盘；2—竖移吸盘

（3）使用与保养维护。翻转夹具主要部件为气动原件，使用过程中需注意以下四点：

①使用前检查吸盘是否安装稳固。

②每6个月对导轨、滑块进行清洁，并使用锂基油进行润滑处理。

③每次使用完成后要检查真空过滤器，如有细沙吸入，务必及时倒出。

④如果发现吸盘无吸力，则检查气管是否完好或者真空发生器是否工作正常。

6. 打包单元夹具设计

打包单元主要负责生产过程中的产品包装，并对包装盒进行喷码，主要结构示意图如图4-49所示。

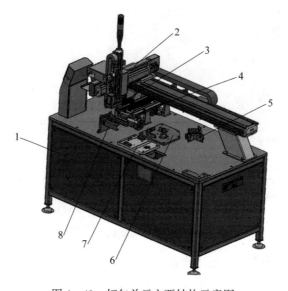

图 4 - 49   打包单元主要结构示意图

1—后包装单元架台；2—后包装机械手；3—喷码枪；4—皮带输送机；5—料箱定位机构；

6—包装盒姿态检测台；7—包装盒开关盒机构；8—包装盒翻转机构

（1）后包装机械手。后包装机械手负责吸取、放置工件，由直线模组组合而成，有 X、Y、Z 三方向自由度，其终端可负载 1 kg，基本参数如表 4 - 20 所示。

表 4 - 20   后包装机械手基本参数

项目	电气参数
使用工作电源	单向 AC 200 ~ 220 V 50/60 Hz
最大功率	700 W
常用空气压力	0.4 ~ 0.7 MPa
最大空气压力	0.8 MPa

（2）X 轴单元。X 轴单元主要部件构造如图 4 - 50 所示。

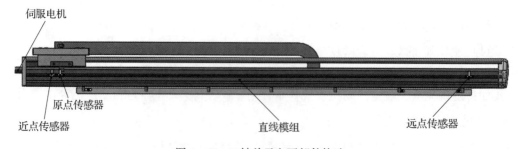

图 4 - 50   X 轴单元主要部件构造

伺服电机：X 轴左右行进的驱动源。

直线模组：X 轴左右行进的驱动机构（螺杆驱动）。

传感器：分别感应 X 轴滑块在 X 轴上的原点、近点、远点位置。

X 轴单元的基本参数如表 4 – 21 所示。

表 4 – 21 X 轴单元的基本参数

基本参数						
性能	位置重复精度/mm		± 0.01			
	螺杆导程/mm		5	10	20	40
	最高速度/(mm·s⁻¹)		250	500	1 000	2 000
	最大可搬重量	水平使用/kg	120	110	75	35
		垂直使用/kg	40	30	14	7
	定格推力/N		1 388	694	347	174
	标准行程/mm		100 ~ 1 250 mm/50 间隔			
性能	AC 伺服马达容量/W		400			
	滚珠螺杆外径 φ/mm		C7φ20			
	高刚性直线滑轨/mm		20 × 15			
	联轴器/mm		14 × 12			
	原点传感器	外挂	EE – SX672（NPN）			
			EE – SX674（NPN）			

（3）Y 轴单元。Y 轴单元主要部件构造如图 4 – 51 所示。

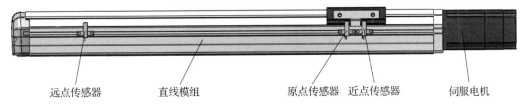

远点传感器　　　直线模组　　　原点传感器　近点传感器　　　伺服电机

图 4 – 51 Y 轴单元主要部件构造

伺服电机：Y 轴左右行进的驱动源。

直线模组：Y 轴左右行进的驱动机构（螺杆驱动）。

传感器：分别感应 Y 轴滑块在 X 轴上的原点、近点、远点位置。

Y 轴单元的基本参数如表 4 – 22 所示。

表 4 – 22 Y 轴单元基本参数

基本参数						
性能	位置重复精度/mm		±0.01			
	螺杆导程/mm		5	10	16	20
	最高速度/(mm·s⁻¹)		250	500	800	1 000
	最大可搬重量	水平使用/kg	50	30	22	18
		垂直使用/kg	12	8	5	3
	定格推力/N		341	170	106	85
	标准行程/mm		100 ~ 1 050 mm/50 间隔			
性能	AC 伺服马达容量/W		100			
	滚珠螺杆外径 φ/mm		C7φ6			
	高刚性直线滑轨/mm		12 × 7.5			
	联轴器/mm		8 × 10			
	原点传感器	外挂	EE – SX672 （NPN）			
			EE – SX674 （NPN）			

（4）Z 轴单元。Z 轴单元主要部件构造如图 4 – 52 所示。

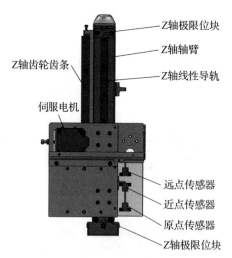

图 4 – 52 Z 轴单元主要部件构造

Z 轴齿轮齿条：Z 轴上下行进的驱动机构。

伺服电机：Z 轴上下行进的驱动源。

Z 轴轴臂：保证 Z 轴刚性。

Z 轴极限位块：防止 Z 轴滑块因故障飞出。

Z轴线性导轨：保证 Z 轴滑块直线精度。

传感器：分别感应 Z 轴滑块在 X 轴上的原点、近点、远点位置。

Z 轴单元的基本参数如表 4 - 23 所示。

表 4 - 23　Z 轴单元基本参数

基本参数			
性能	位置重复精度/mm		± 0. 05
	螺杆导程/mm		38
	最高速度/(mm · s⁻¹)		1 900
	最大可搬重量	水平使用/kg	—
		垂直使用/kg	3
	定格推力/N		21
性能	AC 伺服马达容量/W		400
	齿轮外径 φ/mm		60. 479
	高刚性直线滑轨/mm		15 × 6

（5）手爪单元。手爪单元主要部件构造示意图如图 4 - 53 所示。

真空吸盘：吸取、放置工件。

旋转电机：可根据需要在水平方向调整工件姿态。

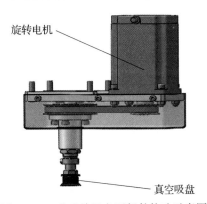

图 4 - 53　手爪单元主要部件构造示意图

（6）保养检修。为能够长时间正常使用该设备，防止机械故障发生，必须对后包装机械手进行定期检修。检修内容如下：

①各螺母、螺栓的松紧状况。由于机械手在运动过程中有冲击力存在，因此螺栓、螺母的松紧是机械故障发生的主要原因之一。

a. 确认 X 轴、Y 轴、Z 轴单元极限位块的安装螺栓是否松动。

b. 确认手爪单元的安装螺栓是否松动。

c. 是否有螺钉脱落，以免对人及其他设备造成损坏。

②各摩擦部件给油。使用锂碱 1 号润滑油（Lithium Grease#1），给油方法如下。

a. 用油泵从滑块侧面对油口进行给油操作。

b. 给油直至外罩稍微有油溢出为止。

c. 将溢出油脂擦拭干净。

③导轨、行进表面脏污处理。设备 X 轴、Y 轴、Z 轴导轨及齿条表面上的痕迹或者由润滑油脂导致的灰尘及其他附着物造成表面有脏污、痕迹等。这会影响设备运行的流畅度，应进行定期清除。另外，若导轨表面产生撞击或者受外界击打后产生伤痕、缺口，请更换导轨。

④供气软管的破损。供气软管破损会导致供气气压不稳定，当发现各接头或者供气软管发生漏气时，请马上更换。

（7）喷码枪。进口喷码设备选用美国伟迪捷品牌的热发泡喷印系统，自带操作界面，无须外接计算机。

喷码枪外观图如图 4 - 54 所示。喷码枪安装示意图如图 4 - 55 所示。

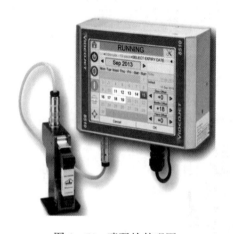

图 4 - 54　喷码枪外观图

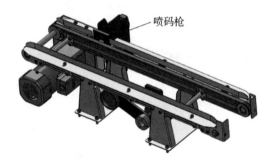

图 4 - 55　喷码枪安装示意图

喷码枪技术参数见表 4 - 24。

表 4 - 24　喷码枪技术参数

线速度/分辨率能力	控制器尺寸
最大分辨率 600 × 600 dpi 600 × 240 dpi 时 5 ~ 250 ft/min（1.5 ~ 75 m/min） 线速度取决于所选墨盒分辨率	244 mm 长 92 mm 宽 170 mm 高 尺寸不包括喷头、附配电缆和电源连接

线性条形码	喷头（标准蓝色）尺寸
EAN8，EAN13，UPC – A/E，CODE39，CODE128，EAN128，GS1 DataBar（包括 2D 合成条码），DataMatrix，QR，PDF417	115 mm 长 110 mm 高 60 mm 宽（摩擦板处） 尺寸不包括墨盒和电缆连接 红色、绿色和金色喷头的尺寸在长度和高度上与蓝色喷头不同
显示屏	
8.4 英寸（in，1 in = 0.025 4 m）TFT SVGA（800 × 800）全彩 LCD 触摸屏 喷印信息预览 全程在线诊断系统 三级密码保护或高级可配置密码保护 多种语言支持（共 22 种语言）	**温度和湿度范围**
	41 ~ 113 ℉（5 ~ 45 ℃） 无冷凝湿度
数据接口	**电气要求**
RS 232，USB – 内存条支持，以太网，文本通信协议	AC 100 ~ 240 V，50/60 Hz
墨水盒	**约重（控制器）**
最多可驱动 4 个 12.7 mm 高的 600 dpi 墨水盒（组合或分开可任意安装摆放）	7.0 lb（3.2 kg）

（8）皮带输送机。皮带输送机用于包装好后产品的输送，采用普通电机、链传动的方式带动皮带运转，其结构示意图如图 4 – 56 所示，皮带输送机基本参数如表 4 – 25 所示。

图 4 – 56　皮带输送机主要部件构造

表 4 – 25　皮带输送机基本参数

项目	技术参数
驱动源	普通电机
输送速度	0 ~ 10 m/min（可调）

续表

项目	技术参数
额定负载	10 kg
输送宽度	150 mm
整机尺寸	745 mm×245 mm×175 mm

在使用本输送机的过程中请注意以下四点：

①保持皮带干燥、清洁。

②频繁断电或者电压不稳定时，请关停设备，以免损坏电机。

③请勿随意改变导向条之间的距离，如果间距过小则导致包装盒无法通过。

④由于本设备采用链传动，请根据使用频率对链轮、链条进行润滑处理。

（9）包装盒姿态检测台主要部件构造（图4-57）。

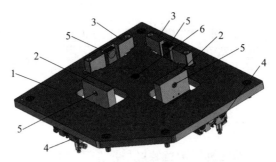

图4-57　包装盒姿态检测台主要部件构造

1—包装盒姿态检测台基板：安装附件，支撑包装盒。2—包装盒姿态检测台手指：包装盒的检测校正，夹紧包装盒。

3—包装盒姿态检测台基准块：包装盒定位。4—气缸：包装盒姿态检测台手指伸缩。

5—磁感应传感器：感应包装盒磁铁，确定包装盒开口位置。

6—光学传感器：感应包装盒LOGO，确定包装盒正面、底面位置。

（10）包装盒开关盒机构主要部件构造（图4-58）。

（11）包装盒翻转机构主要部件构造（图4-59）。

4.3.2　仓储物流单元设计

1. 原材料仓库单元设计

原材料仓库单元由原材料仓库和原材料滚轮输送机两部分组成，原材料仓库结构示意图如图4-60所示。原材料仓库长3 960 mm、宽755 mm、高2 090 mm，有3×6＝18个仓位，可存储原材料箱、废料箱、包装盒箱及它们的空箱。每个仓位编有仓位号，由物流系统进行进出库管理。原材料仓库由铝型材搭建，仓位之间用透明有机玻璃板隔开，方便教学观看。

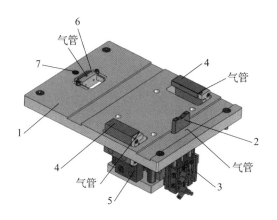

图4-58 包装盒开关盒机构主要部件构造

1—包装盒开关盒基板：安装附件，支撑包装盒。

2—包装盒顶升气缸手指：顶起包装盒盖。

3—包装盒顶升气缸：包装盒顶升手指伸缩。

4—包装盒夹持手指：夹紧包装盒，气管吹气吹开盒盖。

5—包装盒夹持气缸：包装盒夹持手指伸缩。

6—包装盒关盒手指：气管吹起盒盖，关上包装盒。

7—光学传感器：感应包装盒盖是否完全。

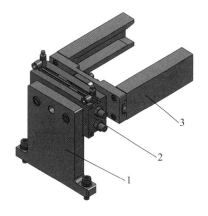

图4-59 包装盒翻转机构主要部件构造

1—包装盒翻转机构基板：安装附件。

2—包装盒翻转机构旋转气缸：旋转包装盒翻转机构夹板。

3—包装盒翻转机构夹板：夹持包装盒，旋转包装盒。

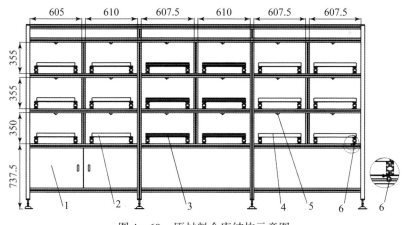

图4-60 原材料仓库结构示意图

1—原材料仓库货架：原材料仓库主体。2—原材料箱：存放原材料。3—废料箱：存放废料。

4—包装盒箱：存放包装盒。5—仓位指示灯：指示料箱入仓。6—微动开关：感应料箱是否入仓。

原材料滚轮输送机用于原材料的输送，采用普通电机、链传动方式带动滚轮运转，其结构示意图如图4-61所示，原材料滚轮输送机基本参数如表4-26所示。

在使用本输送机的过程中请注意以下几点。

①频繁断电或者电压不稳定时，请关停设备，以免损坏电机。

②请勿随意改变导向条之间的距离，如果间距过小则导致料箱无法通过。

③由于本设备采用链传动，请根据使用频率对链轮、链条进行润滑处理。

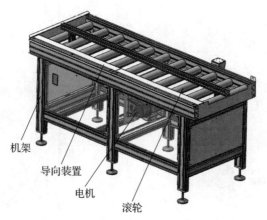

图4-61 原材料滚轮输送机结构示意图

表4-26 原材料滚轮输送机基本参数

项目	技术参数
驱动源	普通电机
输送速度	0~10 m/min（可调）
额定负载	100 kg
输送宽度	515 mm
整机尺寸	1 750 mm×650 mm×800 mm

2. 成品仓库单元设计

成品仓库单元由成品仓库和成品皮带输送机两部分组成，其结构示意图如图4-62所示，成品仓库有102个仓位，用来存储成品，每个仓位都有指示灯，当成品入仓时，指示灯亮起。成品仓库由铝型材及透明有机玻璃组建而成，方便教学。

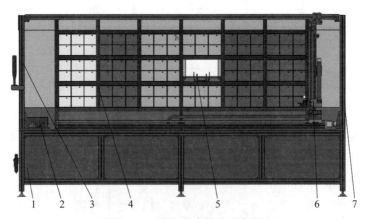

图4-62 成品仓库构造示意图

1—成品仓库底座；2—成品仓气动单元；3—成品仓库侧支撑架-左；4—成品仓货架框架；

5—成品仓取料点；6—三轴直线模组机械臂；7—成品仓库侧支撑架-右

三轴直线模组机械臂负责吸取、放置工件，由直线模组 + CKD 气动元件组合而成，有 X、Y、Z 三方向自由度，其中 X、Z 方向由伺服电机驱动，Y 方向由气动元件驱动。其终端可负载 1 kg，基本参数如表 4 – 27 所示。

表 4 – 27　后包装机械手基本参数

项目	电气参数
使用工作电源	单向 AC 200 ~ 220 V，50/60 Hz
最大功率	700 W
常用空气压力	0.4 ~ 0.7 MPa
最大空气压力	0.8 MPa

（1）X 轴单元。X 轴单元的主要部件构造如图 4 – 63 所示，基本参数如表 4 – 28 所示。

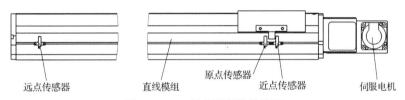

远点传感器　　直线模组　　原点传感器　　近点传感器　　伺服电机

图 4 – 63　X 轴主要部件构造图

伺服电机：X 轴左右行进的驱动源。

直线模组：X 轴左右行进的驱动机构（螺杆驱动）。

传感器：分别感应 X 轴滑块在 X 轴上的原点、近点、远点位置。

表 4 – 28　X 轴单元基本参数

	基本参数		
性能	位置重复精度/mm		± 0.04
	导程/mm		40
	最高速度/（mm·s^{-1}）		2 000
	最大可搬重量	水平使用/kg	45
		垂直使用/kg	—
	定格推力/N		204
	标准行程/mm		100 ~ 4 050 mm/50 间隔
性能	AC 伺服马达容量/W		400
	皮带宽度/mm		30
	高刚性直线滑轨/mm		20 × 15
	原点传感器	外挂	EE – SX672（NPN）

（2）Y轴单元。Y轴单元的主要部件构造如图4-64所示。

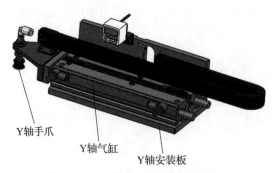

图4-64　Y轴单元主要部件构造图

Y轴安装板：安装附件。

Y轴气缸：Y轴手爪伸缩。

Y轴手爪：吸取、放置工件。

（3）Z轴单元。Z轴单元的主要部件构造如图4-65所示，基本参数如表4-29所示。

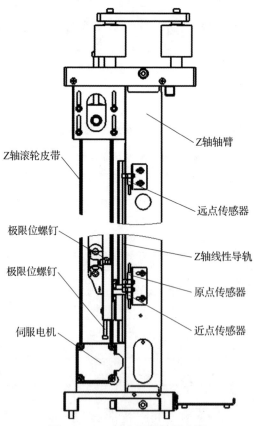

图4-65　Z轴主要部件构造图

伺服电机：Z轴上下行进的驱动源。

极限位螺钉：防止Z轴滑块因故障飞出。

Z轴滚轮皮带：Z轴上下行进的驱动机构。

Z轴轴臂：保证Z轴刚性。

Z轴线性导轨：保证Z轴滑块直线精度。

传感器：分别感应Z轴滑块在X轴上的原点、近点、远点位置。

表4-29 Z轴单元基本参数

基本参数			
性能	位置重复精度/mm		±0.05
	螺杆导程/mm		32
	最高速度/(mm·s⁻¹)		1 600
	最大可搬重量	水平使用/kg	—
		垂直使用/kg	5
	定格推力/N		25.5
性能	AC伺服马达容量/W		400
	齿轮外径 φ/mm		50.93
	高刚性直线滑轨/mm		15×6

3. AGV搬运单元夹具设计

搬送单元车体选用欧铠双舵轮背负式AGV，AGV采取激光导航自动规划方式，AGV调度系统接收信号调度AGV，自动获取呼叫配送信息，自动叉取物料，自动堆垛物料，自动规划最优路径。配套教学资源，实现顺利衔接原料仓、生产线、成品仓，整个生产线物流顺畅，实现无人化仓库及搬送管理。主要结构示意图如图4-66所示，基本参数如表4-30所示。

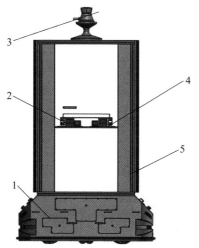

图4-66 AGV搬运单元主要结构示意图

1—AGV本体；2—大号料叉；3—激光导航仪；4—小号料叉；5—框架

表 4 - 30　AGV 搬运单元基本参数

名称	激光导航式叉取 AGV
导引方式	NDC 激光导航
行走功能	前进、左右转弯，停止，后退
驱动及转向方式	舵轮驱动
自重（含电池）	≤300 kg
最大前行速度	60 m/min（速度可调）
装、卸载方式	自动叉取货物
伸缩式货叉驱动	双驱
伸缩式货叉最大载荷	25 kg
伸缩式货叉行程	700 mm
伸缩式货叉高度范围	700 ~ 1 500 mm（以地面为基准）
外形尺寸（$L \times W \times H$）	1 350 mm × 700 mm × 2 250 mm（高度可根据现场高度定制）
导引精度	±10 mm
停位精度	±5 mm
转弯半径	可直角 90° 旋转
安全警示	三色灯，音乐喇叭
充电方式	在线充电
电池性能	铁锂电池，连续满充放电次数 >40 000 次（一般可用 3 ~ 5 年）
通信方式	无线通信
安全系统	激光非接触障碍探测、机械触边防撞机构、急停按钮
使用环境	室内，温度为 - 5 ~ 45 ℃，相对湿度为 40% ~ 90%（不结露） 无水无油干燥地面，驱动轮与地面摩擦系数 ≥0.6
电路保护	设有电路保护（总电路保护、驱动电机保护、主控板保护）

　　大号料叉和小号料叉采用多级传动齿轮搬运装置（图 4 - 67），本装置采用步进电机作为动力源，通过三级传动齿轮带动承载物料的托臂进行伸缩运动，其中中间两级传动齿轮不与齿条啮合，作为惰轮使用。由于本智能仓储物流系统所涉及的搬运对象有多种，为了保证生产过程的连续性，设计适用于多种产品的搬运夹具，可以通过步进电机驱动托臂伸缩，而且两部分可以单独运动，根据不同的搬运对象采用不同运动方式。

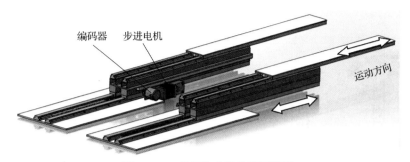

图4-67　多级传动齿轮搬运装置

4.3.3　搬运单元夹具设计

由于产线利用机器人进行不锈钢板料搬运，机器人手爪设计要求吸附平面金属薄板和饰件，从而机器人能够顺利将原材料、半成品和成品放进各加工单元进行加工作业，同时也能顺利将它们取出送入下一个作业单元。

1. 六轴工业机器人夹具设计

六轴工业机器人搬运单元结构示意图如图4-68所示，实现平面金属薄板由原料小车搬送至激光切割机夹具平台上，同时将切割后所余废料回收至废料框。为了满足吸盘与六轴工业机器人腕部法兰之间的机械连接，以及气动和电气连接，需要进行吸盘连接板和法兰连接板设计。

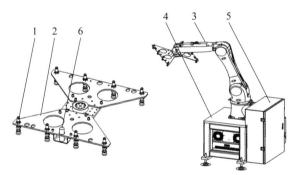

图4-68　六轴工业机器人搬运单元结构示意图
1—吸盘；2—夹具本体；3—六轴工业机器人；4—安装架；5—配电箱；6—传感器

由于产线要求激光切割机从不锈钢板中切出不同形状、面积较小的半成品，同时要求不锈钢板在上料过程中不能有变形，因此，需要采用多个吸盘，并且均匀布置于吸盘连接板边缘。此外，接近开关及其支撑架布置于吸盘之间。为减轻吸盘连接板重量，吸盘连接板镂空，单块吸盘连接板整体形状为梯形。

法兰连接板起到连接工业机器人腕部法兰与吸盘连接板的作用，两块吸盘连接板对称布置于法兰连接板两侧，为便于调节吸盘连接板与法兰连接板的连接，在法兰连接板上开有许多螺纹孔。

（1）夹具参数说明。夹具自身尺寸与吸盘可吸范围如图4-69所示。

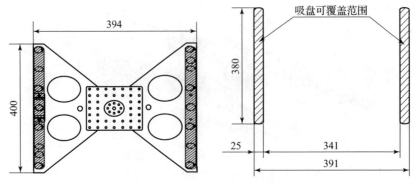

图 4 - 69　夹具尺寸及吸盘可吸范围

①夹具自身长 400 mm、宽 394 mm，尺寸较上料小车限位块小，可保证夹具顺畅抓取来料。

②吸盘可吸范围可在长 380 mm、宽 341～391 mm 间调整，需保证所吸物品在此范围内无凹凸、无通孔，否则影响功能。

③如图 4 - 68 显示，夹具最多可安装吸盘 12 个，现仅安装了 8 个吸盘，最大可搬重量为 6 kg。请保证夹具在正常载荷内工作，长期超载会缩短夹具寿命。

吸盘载荷计算方法：$m = (0.1 \times P \times S) \div (t \times 9.8)$

式中：m 为单个吸盘载荷，kg；P 为真空压力，kPa；S 为吸盘截面积，cm^2；t 为安全系数，一般取 4～8。

（2）使用注意事项。为了保证上下料的顺利进行，在使用过程中请注意以下三点：

①吸盘安装方法如图 4 - 70 所示，穿过夹具本体，由上下两个螺母夹紧固定，夹具本体为长圆孔，吸盘可在夹具本体上左右移动微调位置。使用前请确保吸盘固定于夹具本体上，无松动现象。

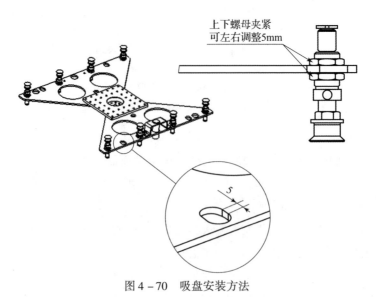

图 4 - 70　吸盘安装方法

②传感器安装方法如图4-71所示，传感器为M18接近型，感应距离为4 mm以内；安装时穿过夹具本体，上下用螺母夹紧；在保证吸盘缩至最短时，传感器与吸盘的相对高度$a \leqslant 3$ mm。

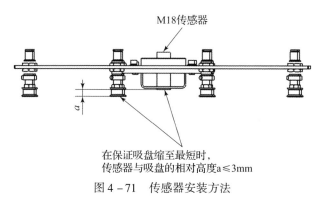

在保证吸盘缩至最短时，
传感器与吸盘的相对高度a≤3mm

图4-71 传感器安装方法

③夹具搬送重量不能超过6 kg；示教时请确认吸盘完全与板料贴合，吸盘边缘不得超过板料边缘。

（3）多关节搬送单元日常保养维护。在日常使用过程中主要注意检修以下五点：

①确认吸盘是否与夹具本体连接稳固。

②确认吸盘材质是否老化变形，是否需要更换。

③确认气管与吸盘连接部位是否存在漏气现象，气管有无破损。

④如果发现吸盘无吸力，请检查气管是否完好或者真空发生器是否工作正常。

⑤每隔6个月对空气过滤器进行一次清洁。

2. 直角坐标型机器人设计

如图3-2所示，激光切割机、数控精雕机和双端面磨床布局跨度较大，采用直角坐标型机器人负责生产过程中激光切割机、数控精雕机和双端面磨床之间的上下料工作，直角坐标型机器人结构如图4-72所示。直角机械手外形尺寸如图4-73所示，直角机械手占地长方向为5.6 m左右，高方向为3.3 m左右，直角机械手整机性能如表4-31所示。

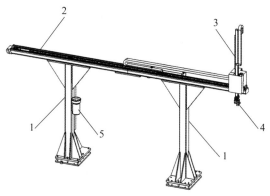

图4-72 直角坐标型机器人结构示意图

1—支撑柱；2—X轴走行单元；3—Z轴单元；4—手爪；5—去毛刺机

表 4 −31　直角机械手整机性能

项目	名称	单位	性能指标
驱动方式	X 轴驱动	—	AC 伺服电机
	Z 轴驱动	—	AC 伺服电机
	手爪驱动	—	旋转气缸
	去毛刺机驱动	—	单向电机
机械行程	X 轴行程	mm	5 000
	Z 轴行程	mm	800
	手爪部旋转角度	(°)	±90°可调
	去毛刺机旋转角度	(°)	单向无限回转
速度	X 轴最大速度	mm/s	1 500
	Z 轴最大速度	mm/s	2 000
	去毛刺机回转速度	r/min	0～1 400 可调
手爪部可搬重量		kg	5
整机精度		mm	±0.1

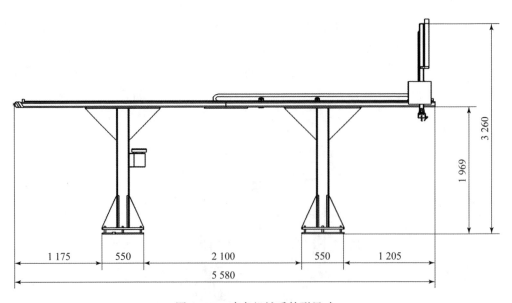

图 4 −73　直角机械手外形尺寸

（1）X 轴单元主要部件构造（图 4 – 74）。

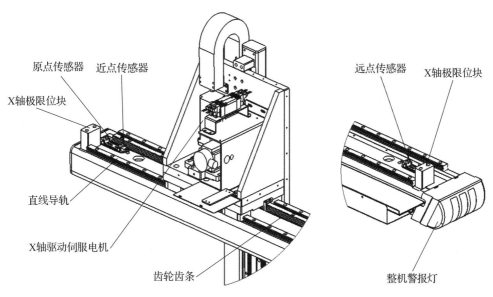

图 4 – 74 X 轴单元主要部件构造

X 轴驱动伺服电机：X 轴左右行进的驱动源。

齿轮齿条：X 轴左右行进的驱动机构。

线性导轨：保证 X 轴滑块直线精度。

X 轴极限位块：防止 X 轴滑块因故障飞出。

传感器：分别感应 X 轴滑块在 X 轴上的原点、近点、远点位置。

（2）Z 轴单元主要部件构造（图 4 – 75）。

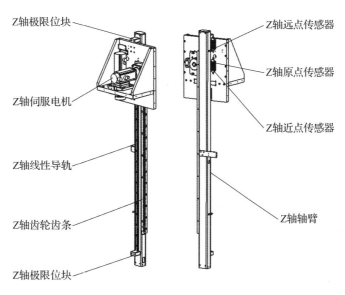

图 4 – 75 Z 轴单元主要部件构造

Z 轴轴臂：保证 Z 轴刚性。

Z 轴伺服电机：Z 轴左右行进的驱动源。

Z 轴齿轮齿条：Z 轴左右行进的驱动机构。

Z 轴线性导轨：保证 Z 轴滑块直线精度。

Z 轴极限位块：防止 Z 轴滑块因故障飞出。

传感器：分别感应 Z 轴滑块在 X 轴上的原点、近点、远点位置。

（3）手爪单元主要部件构造（图 4 - 76）。真空吸盘用于吸附成品或半成品，旋转气缸用于姿态调整，吹气喷嘴用于除去成品或半成品表面水分和沙尘。单个吸盘最大可吸取重量不超过 0.6 kg，请不要使其超负荷工作。

（4）毛刺机单元主要部件构造（图 4 - 77）。

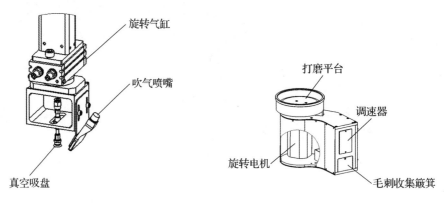

图 4 - 76　手爪单元主要部件构造　　　　图 4 - 77　毛刺机单元主要部件构造

打磨平台：附着砂纸，可打磨工件边沿的毛刺。

旋转电机：将打磨后的毛刺甩离打磨平台，使下一次打磨顺畅。

调速器：调整旋转电机的转速。

毛刺收集簸箕：接收旋转电机甩离的毛刺。

在使用本设备过程中请注意以下三点。

①电机速度不宜过高。

②根据使用频率更换抛光用砂纸，同时及时清理接屑盒中的铁屑。

③定期检查毛刺机与立柱之间的连接螺钉是否拧紧。

（5）保养检修。为能够长时间正常使用该设备，防止机械故障发生，必须对直角机械手进行定期检修。检修内容如下：

①各螺母、螺栓松紧状况。由于机械手在运动过程中存在冲击力，因此螺栓、螺母的松紧是机械故障发生的主要原因之一。

a. 确认 X 轴、Z 轴单元极限位块的安装螺栓是否松动。

b. 确认手爪单元的安装螺栓是否松动。

c. 确认是否有螺栓脱落，以免对人及其他设备造成损坏。

②各摩擦部件给油。

a. 用油泵从滑块侧面对油口进行给油操作。

b. 给油直至外罩稍微有油溢出为止。

c. 将溢出油脂擦拭干净。

d. 使用锂碱 1 号润滑油（Lithium Grease#1）。

③导轨、行进表面脏污处理。设备 X 轴、Z 轴导轨及齿条表面上的痕迹或者由于润滑油脂导致的灰尘及其他附着物造成表面有脏污、痕迹等。这会影响设备运行的流畅度，请进行定期清除。另外，若导轨表面产生撞击或者受外界击打后产生伤痕、缺口，请更换导轨。

④供气软管破损。供气软管破损会导致供气气压不稳定，当发现各接头或者供气软管发生漏气时，请马上更换。

3. SCARA 平行机械手夹具设计

整条产线上设有两处 SCARA 平行机械手（图 4 - 78），分别位于喷砂单元前序及视觉检测单元后序，前者用于视觉检测单元与喷砂单元及喷砂单元与姿态翻转单元的上下料搬运，后者用于视觉检测单元与打包单元的上下料搬运。

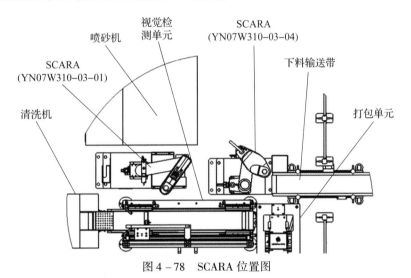

图 4 - 78 SCARA 位置图

两台 SCARA 平行机械手的工艺顺序如下所述：

①工件自清洗机流出至视觉单元工位一；

②CCD 对工件进行定位并将数据发给喷砂单元前序 SCARA；

③喷砂单元前序 SCARA 抓取工件送至喷砂机；

④喷砂机喷砂（正反两面各喷一次）；

⑤喷砂单元前序 SCARA 将工件从喷砂机取出并放至视觉检测单元输送带；

⑥输送带将工件送至视觉检测单元工位二；

⑦CCD 对工件进行检测、定位并将数据发给视觉检测单元后序 SCARA；

⑧视觉检测单元后序 SCARA 抓取工件放至包装盒（不合格品则丢入废料箱）；

⑨打包单元进行关盒；

⑩视觉检测单元后序SCARA抓取包装盒送至下料输送带；

⑪SCARA作业完成一个循环。

（1）喷砂单元前序SCARA平行机械手构造（图4-79）。

（2）视觉检测单元后序SCARA平行机械手构造（图4-80）。

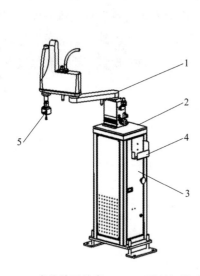

图4-79　喷砂单元前序SCARA平行机械手构造

1—SCARA；2—机械手底座；3—电气柜门；

4—手编放置槽；5—吸盘夹具

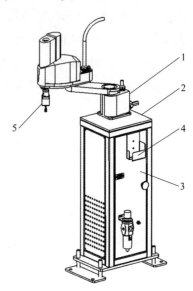

图4-80　视觉检测单元后序平行机械手构造

1—SCARA；2—机械手底座；3—电气柜门；

4—手编放置槽；5—吸盘夹具

4.3.4　其他夹具设计

1. 上下料单元设计

上下料单元是本产线的第一个单元，结构示意图如图4-81所示，负责将原材料定位，为六轴工业机器人提供手爪取料点，负责装载激光切割机加工后余下的废料、废渣等。

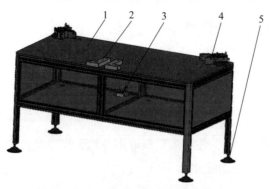

图4-81　上下料取料点结构示意图

1—上下料取料点架台；2—钣金料箱基准块；3—电磁阀组；4—料箱定位机构；5—脚杯

如图4-82所示，当AGV（无人搬送车）将所需料箱搬送至此，料箱定位机构气缸伸出，对料箱进行定位，便于多关节机器人抓取。

在使用过程中请注意以下两个方面：

①产线运行前，请确认料箱定位机构处于收缩状态；

②如果料箱定位机构无法正常工作，则检查气管是否完好，气管与气缸连接是否紧固。

2. 防护单元设计

图4-82　上下料取料点工作示意图

防护单元是设备外围防护网，主要是为了防止非操作人员过于接近设备，以免造成危险。整个防护单元总共设有四扇门，供维修操作人员出入。

由于防护网安全门位置设有感应开关、感应锁，因此在操作过程中请注意以下事项。

①在设备自动运行过程中禁止开门，否则系统会自动停止。

②禁止拆卸防护网地脚。

③开关门过程中请轻拉、轻推，以免对感应器造成破坏。

④每扇安全门旁边均有强力磁铁，用于安全门的吸合，请每两周检查一次强力磁铁的安装螺钉是否紧固，以免由于吸合不到位造成报警。

⑤多关节机械手周围是重点防护区域，除了维修需要，其余时间操作人员、参观人员都不得进入该区域。

⑥在门被打开的情况下只能手动运行设备。

防护系统各门及传感器位置如图4-83所示。

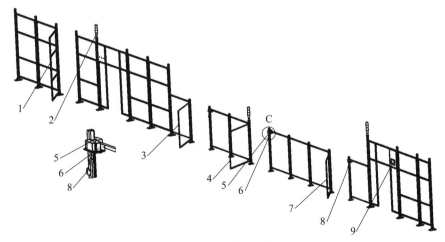

图4-83　防护系统各门及传感器位置

1——号门；2—报警灯；3—二号门；4—三号门；5—安全锁；6—按钮盒；7—四号门；8—传感器；9—触摸屏

第5章

智能制造教学工厂设计－电气篇

5.1　硬件选型

5.1.1　传感检测选型

1. 光电传感器选型

（1）工作原理。光电传感器是各种光电检测系统中实现光电转换的关键元件，是把光信号（可见光及紫外镭射光）转变为电信号的器件。光电传感器将可见光线及红外线等"光"通过发射器进行发射，并通过接收器检测物体反射光或被遮挡光强度变化，从而获得输出信号。光电传感器主要有三种类型，分别是反射型、透过型和回归反射型。

①反射型光电传感器。如图 5－1 所示，反射型光电传感器是由发射器和接收器组成，发光元件发出红外光，光接收元件根据反射红外光强度大小检测被测物体的有无。反射型光电传感器检测对象不限于金属，对所有能反射光线的物体均可检测。

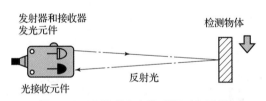

图 5－1　反射型光电传感器工作原理

②透过型光电传感器。如图 5－2 所示，透过型光电传感器的发射器和接收器处于分离状态，如果在发射器和接收器之间放入检测物体，则发光元件发出的信号光会被遮挡，由光接收元件检测物体的有无。由于透过型光电传感器能够发射较强的光束，因此能够适用于长距离检测，且检测状态稳定；透过型光电传感器可以检测不透明的目标物，无论其外形、颜色或材料如何。

③回归反射型光电传感器。如图 5－3 所示，回归反射型光电传感器将发光元件和光接收元件内置于一台传感器放大器中，并在其前方装一块反光板，正常情况下，发射器发出的光被反光板反射回来并被接收器收到，一旦光路被检测物体挡住，接收器检测信号就会发生变化。

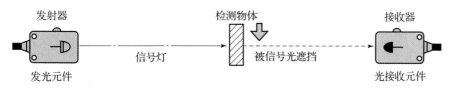

图 5 - 2　透过型光电传感器工作原理

回归反射型光电传感器可以方便调节光轴，因此反射板可以在有限空间内安装，并且接线简单，检测距离长。该光电传感器可以检测不透明目标物，无论其外形、颜色或材料如何。

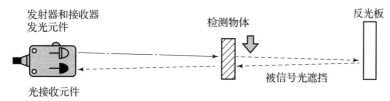

图 5 - 3　回归反射型光电传感器工作原理

（2）选型必要参数。光电传感器选型时主要考虑参数如表 5 - 1 所示。

表 5 - 1　必要选型参数

检测物体	对射型：物体被测面尺寸
	回归反射型：物体被测面尺寸、光泽反射能力强弱
	扩散反射型：物体被测面尺寸、被测物体颜色
检测方式	对射型：发射器 + 接收器
	回归反射型：反射板 + 发射/接收器
	扩散反射型：靠物体将投出的光线反射回接收器，故需要确认是否有背景物体
输出形式	常开（NO），常闭（NC），常开（NO）+常闭（NC），常开（NO）或常闭（NC）
检测距离	对射型：（发射器到接收器的距离）
	回归反射型：（反射板到发射/接收器的距离）
	扩散反射型：（被测物体到发射/接收器的距离）
控制输出	晶体管输出（NPN 低电平输出、PNP 高电平输出）
	继电器接点输出
工作电源	直流、交流、交直流通用
安装连接方式	导线引出型（默认导线长度 1.2 m）
	接插件型：需要确认配接插线为直线型还是 L 字型
其他功能	延时功能
附　件	反射板、安装配件（固定安装传感器使用）

（3）使用要点分析。①反射型光电传感器。对于反射型光电传感器，相对目标物而言，光束点直径大小可能影响检测效果。如果光束点直径大于被检测目标物，如图 5 - 4 所示，

背景反射光将影响检测结果；如果光束点直径小于被检测目标物，如图 5 – 5 所示，则可轻松检测目标物与背景之间的差异。传感器光束直径越小，传感器位置检测效果越好，可应用于高精度定位或检测小目标物体，如图 5 – 6 所示。

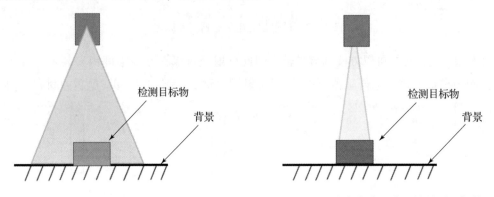

图 5 – 4　光束点直径大于被检测目标物　　　图 5 – 5　光束点直径小于被检测目标物

②透过型光电传感器。如图 5 – 7 所示，连接发射器和接收器之间的虚线区域称为光轴，采用透过型光电传感器时，如果目标物阻挡了光轴，接收光亮会发生变化；如图 5 – 8 所示，即使检测目标物与透射光接触，由于光轴未被阻挡，也无法进行检测；如图 5 – 9 所示，只有检测目标物完全遮挡光轴时，才能准确检测不透明的检测目标物。

③光扩展强度计算。在使用透过型光电传感器检查环绕光的影响时，以及在使用反射型光电传感器检查光束点直径时，需要使用公式计算光扩展强度（图 5 – 10）：

光扩展长度 = 发射器直径 + $2 \times \tan \theta \times$ 距离

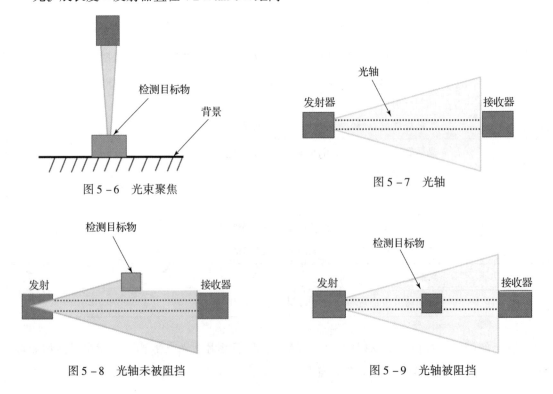

图 5 – 6　光束聚焦　　　　　　　　　　图 5 – 7　光轴

图 5 – 8　光轴未被阻挡　　　　　　　　图 5 – 9　光轴被阻挡

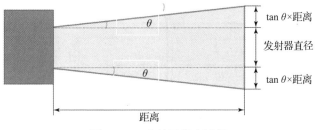

图 5 – 10　光扩展强度计算

（4）案例分析。如图 5 – 11 所示为智能制造概念工厂输送机构，它的一半在护栏的左侧，一半在护栏的右侧，该机构主要作用是把护栏左侧的成品输送至场外。AGV 自动把生产好的产品运送至左侧的滑轮上，由输送带输送至护栏外，当产品到达最右端时，输送带应该停止运动，方便取货，并能够节省能源。

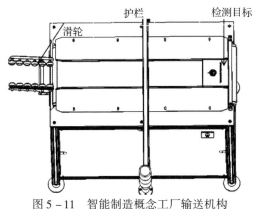

图 5 – 11　智能制造概念工厂输送机构

①检测要求。

a. 检测目标为白色纸质包装盒。

b. 检测距离应大于 20 mm。

②传感器选型。

a. 检测目标为非金属，可选用光电传感器。

b. 检测目标为白色，反光效果较好，可选用反射型光电传感器。

传感器安装位置如图 5 – 12 所示。

2. 接近传感器选型

（1）工作原理。如图 5 – 13 所示，振荡电路中线圈 L 产生一个高频磁场，当目标物接近磁场时，在目标物中产生一个感应电流（涡电流），随着目标物接近传感器感应电流增强，引起振荡电路中负载加大。然后，振荡减弱直至停止。传感器利用振幅检测电路检测到振荡状态变化，并输出检测信号。

在不与目标物实际接触的情况下，接近传感器可以检测附近的金属目标物。根据操作原理，接近传感器大致可以分为三类：利用电磁感应的高频振荡型、利用磁铁的磁力型和利用电容变化的电容型。

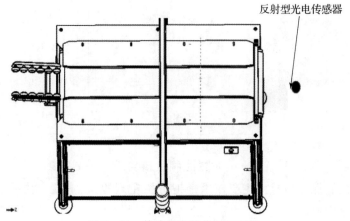

图 5 – 12　传感器安装位置示意图

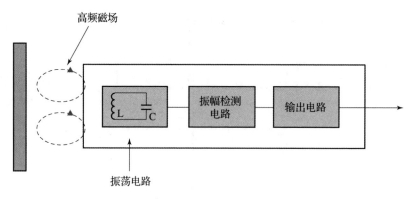

图 5 – 13　高频振荡型接近传感器工作原理

（2）选型必要参数。接近传感器选型时主要考虑参数如表 5 – 2 所示。

表 5 – 2　选型必要参数

检测物体	电感型接近只可检测磁性金属（铁、钢、铜、铝） 电容型接近传感器通常物质皆可检测（金属、塑料、水、纸）
输出方式	直流两线式、交流两线式、直流三线式（PNP、NPN）、交直流三线式、继电器接点
输出形式	常开（NO）、常闭（NC）、常开（NO）＋常闭（NC）
检测距离	以 mm 为单位
外形	圆柱形、方形、扁平形、凹槽形
工作电源	直流、交流、交直流通用
安装类型	屏蔽型（螺纹到顶部齐平安装）、非屏蔽型（螺纹不到顶部非齐平）
安装连接方式	导线引出型（默认导线长度 1.2 m） 接插件型（配接插线需要确认直线型或 L 字型）
其他	工作环境温度、湿度、外壳材质

（3）使用要点分析。

①接近传感器特点。

a. 以非接触方式进行检测，不会磨损和损伤检测目标物。

b. 采用无接点输出方式，延长寿命（磁力式除外）；采用半导体输出，对接点寿命无影响。

c. 与光检测方式不同，适合在水和油等环境下进行检测，几乎不受检测对象污渍和油、水等影响。此外，还包括特氟龙外壳型及耐药品良好的产品。

d. 与接触式开关相比，可实现高速响应。

e. 不受检测物体颜色影响，对检测对象物理性质变化进行检测。

f. 与接触式不同，会受周围温度、周围物体、同类传感器影响（包括感应型、静电容量型在内的传感器之间相互影响）。因此，对于传感器设置，需要考虑相互干扰。此外，在感应型中，需要考虑周围金属影响，而在静电容量型中则需考虑周围物体影响。

②金属种类和检测距离。接触传感器检测距离随目标材料的不同而不同，表5-3中给出的是以铁为基准的普通型材料检测距离百分数。

表5-3　普通型材料检测距离百分数

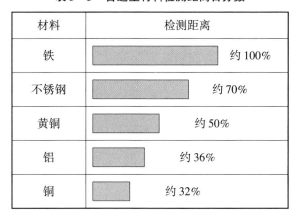

③检测距离与目标物厚度关系。一般来说，如果铜或铝等有色金属目标物厚度为0.01 mm，则其检测距离与黑色金属检测距离相似。

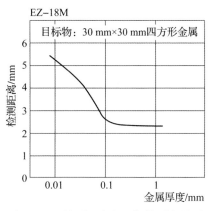

图5-14　检测距离与目标物厚度关系

（4）案例分析。如图 5 – 15 所示为智能制造概念工厂包装单元，把检测合格产品自动打包装进标有湖南机电职业技术学院图标的包装盒里，并完成二维码打标，整个过程包装盒能够实现自动打开、关闭等动作，对包装盒姿态有严格要求。

包装盒姿态检测机构

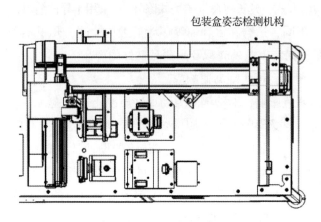

图 5 – 15　智能制造概念工厂包装单元俯视图

①检测要求。

a. 检测目标为白色纸质包装盒。

b. 能够检测盒子正面朝上还是反面朝上。

c. 能够检测盒子开盒方位。

②传感器选型。包装盒为白色纸质，其中正面中心位置有湖南机电职业技术学院校徽，校徽为黑色，可在盒子正下方安装反射型光电传感器。当盒子正面朝上时，光电传感器可以接收到白色盒子反射信号，当盒子正面朝下时，黑色校徽不能反射光信号

包装盒打开侧有磁性，可在包装盒四周分别安装接近传感器，利用接近传感器能够检测金属的特点，可以快速确定包装盒打开侧方位。盒子检测单元如图 5 – 16 所示。

反射型光电传感器

接近传感器4个

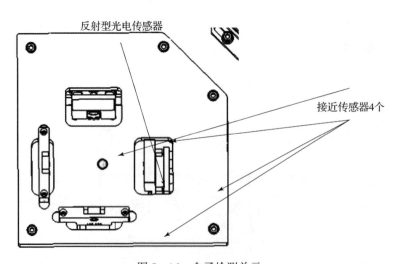

图 5 – 16　盒子检测单元

3. 视觉传感器选型

（1）工作原理。视觉传感器利用机器代替人眼来做测量和判断。通过视觉传感器将被摄取目标转换成图像信号，传送给专用的图像处理系统，根据像素分布和亮度、颜色等信息，将图像信号转变成数字化信号；然后图像处理系统通过一定的矩阵、线性变换，将原始图像画面变换成高对比度图像，并抽取该图像的特征信号后与标准画面进行对比、判别，再根据判别的结果来控制现场的设备动作或数据统计，方便工艺质量的提高，其处理流程如图 5 – 17 所示。

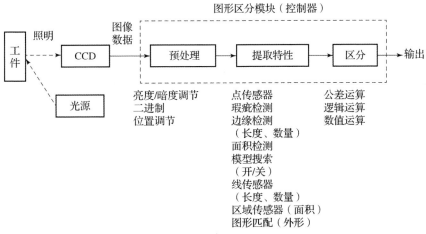

图 5 – 17 视觉传感器处理流程

（2）视觉传感器组成。视觉传感器一般由光源、相机、图像采集卡、图像处理工具、被检测物体、通信六部分组成，如图 5 – 18 所示。

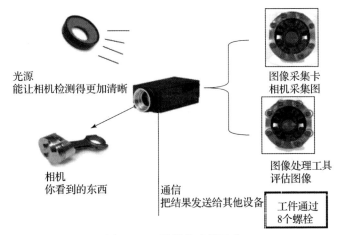

图 5 – 18 视觉传感器组成

（3）视觉传感器功能。视觉传感器有四大功能：引导、检测、测量和识别。

①引导（Guide）：导引定位（如零件定位、机械手引导、位置校准等）。

②检测（Inspect）：检测质量及装配（如零件是否存在、表面检测、缺陷检测、产品计数等）。

③测量（Gauge）：尺寸测量（如尺寸标注、确保误差等）。

④识别（Identify）：识别零件（如代码识别、代码验证、颜色识别、模型识别等）。

目前已经被广泛应用在生产制造等行业，功能十分强大。机器视觉技术功能如图 5 - 19 所示。

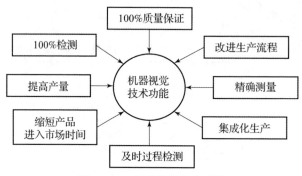

图 5 - 19　机器视觉技术功能

视觉检测具有以下优势。

①非接触测量。对于观测者与被观测者都不会造成任何伤害，从而提高系统可靠性。

②具有较宽光谱响应范围。例如可使用人眼看不见的红外测量，扩展人眼的视觉范围。

③长时间稳定工作。人类难以长时间对同一对象进行观察，而机器视觉可以长时间做测量、分析和识别任务。

（4）机器人视觉传感器工作过程。机器人视觉传感器工作过程可分为四个步骤：检测、图像分析、图像绘制和图像识别。

①视觉检测。视觉检测利用机器代替人眼来做测量和判断。视觉检测是指通过机器视觉产品（即图像摄取装置，分为 CMOS 和 CCD 两种）将被摄取目标转换成图像信号，传送给专用图像处理系统，根据像素分布和亮度、颜色等信息，将图像信号转变成数字化信号；图像处理系统对这些信号进行各种运算来抽取目标特征，进而根据判别结果来控制现场设备动作，应用于生产、装配或包装等行业，它在检测缺陷和防止缺陷产品传递方面具有不可估量的价值。

②视觉图像分析。成像图像中像素含有杂波，且不是每一个像素都有意义，必须进行（预）处理。通过处理消除杂波，把全部像素重新按线段或区域排列成有效像素集合。根据考虑对象要求，把不必要的像素除去，把被测图像划分成各组成部分的过程称为图像分析或图像分割。

③视觉图像绘制。机器人视觉传感器的视觉图像绘制是指为达到识别的目的而从物体图像中提取特征，理论上这些特征应该与物体位置和取向无关，并包含足够的绘制信息，以便能唯一地把一个物体从其他物体中鉴别出来。

④图像识别技术。机器人把识别对象的特征信息存储起来，然后将此信息与所看到的物体信息进行对比，即使机器人达到图像识别的目的。

（5）影响图像质量的主要参数（表5-4）。

表5-4　影响图像质量的主要参数

光强度	数字化率
光的方向	FOV 平衡度
镜头焦距	暗视场图像校正
物体距离	曝光时间
光圈	增益
成像元件类型（CCD 或 CMOS）	图像取反
焦点	图像滤波

（6）使用要点分析。

①镜头结构（图5-20）。

图5-20　镜头结构示意图

焦点必须根据 CCD 与工件之间距离进行调整，焦点使用镜头前部旋转机构进行调整，光圈值代表 CCD 聚光能力，光圈值越小，聚光能力越强。

②畸变。短焦距镜头可以捕获近处工件的宽大图像，但图像的畸变会增大（图5-21）。即使使用视野几乎为180°的鱼眼镜头，图像的畸变也会增大。低畸变镜头可以提供高精度检测。

③景深。景深是镜头能够取得清晰图像所测定的被摄物体前后距离范围，景深越深允许垂直偏差的容值越大。加深景深的条件：

a. 焦距越短，景深越长；

b. 到工件距离越长，景深越长；

c. 景深随着光圈收小而变长。

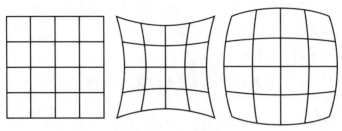

图 5 - 21　图像畸变

镜头结构示意图如图 5 - 22 所示。

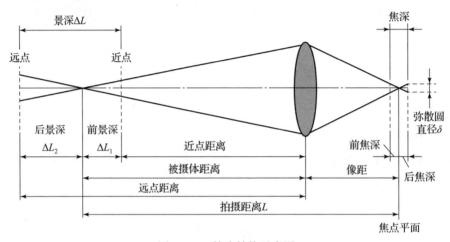

图 5 - 22　镜头结构示意图

（7）案例分析。如图 5 - 23 所示，智能制造概念工厂检测单元的作用主要有两个：第一，对清洗作业后工件进行定位，配合 SCARA240 机器人为喷砂工艺提供上下料；第二，检测产品的合格度，配合 SCARA340 机器人剔除不合格产品。

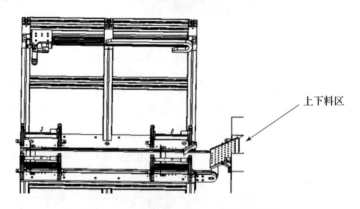

图 5 - 23　智能制造概念工厂检测单元

①检测要求。

a. 能够确定工件重心，标定 SCARA 机器人吸盘抓取位置；

b. 能够检测工件外形是否符合要求；

c. 能够检测工件图案是否符合要求；

d. 工件为金属材质；

e. 工件外形无规则，且样式较多。

智能制造概念工厂某种产品实物图如图5-24所示。

②传感器选型。

a. 上下料区工件为钣金材质，产品样式不统一，用普通光电传感器虽然能够感应到工件，但是不能进行精准定位，SCARA机械手无法抓取工件正中心，因此选择视觉传感器进行检测。

图5-24 智能制造概念工厂某种产品实物图

b. 检测区需要检测产品外形和产品图案是否正确，应选用视觉传感器。

c. 为节省成本可把相机放在气缸上，利用气缸移动在输送带两端检测。

4. 激光传感器选型

（1）工作原理。激光传感器是利用激光技术进行测量的传感器，由激光器、激光检测器和测量电路组成。激光传感器是新型测量仪表，优点是能实现无接触远距离测量，速度快、精度高、量程大，抗光、电干扰能力强等。基恩士LR-ZH型激光传感器见图5-25。

图5-25 基恩士LR-ZH型激光传感器

激光传感器工作时，激光发射二极管对准目标发射激光脉冲，经目标反射后激光向各方向散射，部分散射光返回到传感器接收器，被光学系统接收后成像到雪崩光电二极管上，雪崩光电二极管放大所检测的极其微弱的光信号，并将其转化为相应的电信号。

当前，激光传感器广泛应用于各行各业，利用激光的高方向性、高单色性和高亮度等特点可实现无接触远距离测量，常用于长度、距离、振动、速度、方位等物理量测量，还可用于探伤和大气污染物监测等（图5-26）。

①激光障碍物传感器（图5-27）。激光障碍物传感器主要应用在无人搬运车（AGV）上，为障碍物接触式缓冲器提供辅助，在规定有效作用范围内带给AGV合适的运行速度，减小惯性，缓慢停车，它是先于障碍物接触式缓冲器发生有效作用的安全装置。

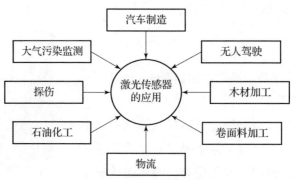

图 5 – 26　激光传感器的应用

图 5 – 27　激光障碍物传感器

为安全起见，障碍物接近检测装置一般是多级接近检测装置，以两级防护接近装置为例：在一定的距离范围内使 AGV 降速行驶，在更近的距离范围内使 AGV 磁导航传感器停车，而当解除障碍物后 AGV 将自动恢复正常行驶状态。感应区域如图 5 – 28 所示。

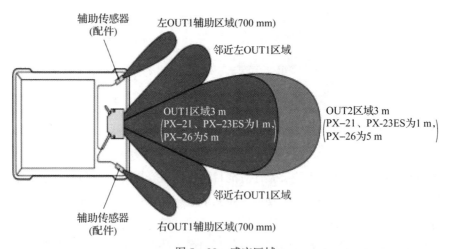

图 5 – 28　感应区域

②激光导航扫描仪。激光导航扫描仪主要由可旋转激光发射头、激光接收器和反射板三个部分组成。在运载机器人的工作场所预先安置具有一定间隔的反射板，行进中 AGV 通过车载可旋转激光发射头发射激光。在激光扫描一周后，照到发射板，激光原路返回，可以得到一系列发射板的反射角，经过计算，即可得到激光旋转中心坐标。通过计算得到运输车所在位置，从而按规划路径将货物送到目的地。

激光导引是指在行驶路径周围安装激光反射板，激光导引头通过发射和接收激光束，计算确定当前的位置坐标和行驶方向。采用激光导引技术，定位精确，环境适应性广，能够灵活多变地应用于复杂的现实环境。激光可以用于测距定位，通过发射激光束和接收从物体反射来的信号的时间差，计算获得两者的距离。然后根据激射的角度来确定物体和激光发射装置之间的角度，获得物体的位置信息。

（2）选型必要参数（表5-5）。

表5-5　必要选型参数

量程	0.05~40 m、70 m、100 m、200 m
精度	1 mm（亦有精度微米级传感器，需定做）
输出频率	1~15 Hz（取决于目标表面的反射率），另有50 Hz可选
激光等级	CLASS 1、CLASS 2、CLASS 3、CLASS 4
电压	4.8~28 V（标准5 V）
数据接口	标配RS232（4~20 mA）、RS485（0~10 V）、RS422（0~5 V）、开光量输出可选
工作温度	-10~50 ℃（温度范围可扩展至-40~70 ℃）
其他	工作环境温度、产品尺寸、质量等

（3）使用要点分析。

①光栅使用安全距离计算。根据ISO 13855：2010计算安全距离：

$$S = K \times T + C$$

式中：S 为安全距离，mm；K 为整体或者部分身体进入检测区的速度，mm/s；T 为整体系统的反应时间（$t_1 + t_2$），s；t_1 为光栅的最快响应速度；t_2 为接收到SZ信号后，机器停下来所需时间；C 为附加距离，mm。

②激光扫描仪使用安全距离计算。$S = V \times T + S_{制动} \times L + Z$

式中：S 为安全距离，mm；V 为AGV的最大靠近速度，mm/s；T 为整体系统的反应时间（$t_1 + t_2$），s；t_1 为SZ响应时间，s；t_2 为AGV在接到SZ信号后做出反应所需时间，s；$S_{制动}$ 为制动AGV所需的距离，mm；L 为所需距离的安全系数（基于制动磨损）；Z 为额外距离，mm。

5.1.2　低压电器选型

1. 电源开关选型

（1）电源开关作用。电源开关是利用现代电力电子技术，控制开关管开通和关断时间的比例，维持稳定输出电压的一种电源，电源开关一般由脉冲宽度调制（PWM）控制IC和MOSFET构成。电源开关在电路中主要起到四个作用：将交流电源整流滤波成直流；通过高频 PWM 信号控制开关管，将直流加到开关变压器初级上；开关变压器次级感应出高频电压，经整流滤波供给负载；输出部分通过电路反馈给控制电路，控制 PWM 占空比，以达到稳定输出的目的。

（2）选型必要参数（表 5-6）。

表 5-6　电源开关选型参数

封装	模块的大小和模块的接口
输入电压范围	输入电压性质和输入电压数值
输出电压	确认输出电压性质和输出电压数值
输出功率	最大输出功率
效率	负载的用电效率

（3）选型方法。常用电源开关有刀开关和组合开关系列，一般在电路中做电源隔离使用而不参与直接启、停负载。选择依据主要有触刀（或触爪）额定电流和开关极数等条件。对于不直接参与启、停负载的开关，其额定电流一般要稍大于负载额定电流；对于直接用于启、停小容量电动机的开关，可按式（5-1）选取电源开关的额定电流：

$$I_{\mathrm{N \cdot QK}} \approx (1.5 \sim 2.5) I_{\mathrm{N \cdot M}} \tag{5-1}$$

某些设备中电源开关也可选用低压断路器。低压断路器又称为自动空气开关，中小容量低压断路器多为装置式（塑壳式）结构，使用时可选复式脱扣器式或电磁脱扣器式，低压断路器允许带负荷操作，额定电流应大于负载额定电流，即 $I_{\mathrm{N \cdot QK}} > I_{\mathrm{NL}}$。

热脱扣器整定电流一般可按 $I_{\mathrm{N \cdot QK}} \approx 1.1 I_{\mathrm{NL}}$ 整定。

对于小型低压断路器（电磁脱扣器）的瞬时动作电流可以不加整定。若要整定，应使

$$I_{\mathrm{OP(0)}} \geq (2 \sim 2.5) I_{\mathrm{PK}} \tag{5-2}$$

式中：$I_{\mathrm{OP(0)}}$ 为电磁脱扣器的瞬时动作电流；I_{PK} 为尖峰电流。

单台电动机尖峰电流即启动电流；多台电动机尖峰电流按式（5-3）计算：

$$I_{\mathrm{PK}} = K_{\sum} \sum_{i=1}^{n-1} I_{\mathrm{N \cdot 1}} + I_{\mathrm{ST \cdot max}} \tag{5-3}$$

式中：$I_{\mathrm{ST \cdot max}}$ 为用电设备中，启动电流额定电流之差为最大的电动机的启动电流；$K_{\sum} \sum_{i=1}^{n-1} I_{\mathrm{N \cdot 1}}$ 为除启动电流额定电流之差为最大的那台电动机之外，其他 $n-1$ 台电动机的额定电流之和；$K_{\sum}$ 为上述 $n-1$ 台电动机的同时系数，按台数多少选取，一般为 0.7 ~ 1。

（4）案例分析。智能制造教学工厂动力配电总电源主要为机械和电气设备提供能源，须满足条件：电源进线为 380 V、三相、50 Hz，电源开关须带接地保护，功率大于 120 kW，额定电流为 225 A。

2. 断路器选型

（1）断路器原理。断路器也叫空气开关。空气断路器在电路中接通、分断和承载额定

工作电流，并能在线路和电动机发生过载、短路、欠压的情况下进行可靠的保护。断路器动、静触头和触杆设计成平行状，利用短路产生的电动斥力将动、静触头断开，分断能力高，限流特性强。

短路时，静触头周围的芳香族绝缘物气化，起冷却灭弧作用，飞弧距离为零。断路器灭弧室采用金属栅片结构，触头系统具有斥力限流机构，因此，断路器具有很高的分断能力和限流能力。

（2）选型必要参数（表5 – 7）。

表5 – 7　断路器选型参数

额定电压/kV	断路器正常工作时系统的额定（线）电压
额定电流/kA	断路器在规定使用和性能条件下可以长期通过的最大电流（有效值）
额定（短路）开断电流/kA	在额定电压下，断路器能可靠切断的最大短路电流周期分量有效值，该值表示断路器的断路能力
额定峰值耐受电流/kA	在规定的使用和性能条件下，断路器在合闸位置时所能承受的额定短时耐受电流第一个半波的电流峰值，是动态稳定指标
额定短时耐受电流/kA	在规定的使用和性能条件下，在额定短路持续时间内，断路器在合闸位置时所能承载的电流有效值，是热稳定指标
额定短路关合电流/kA	在规定的使用和性能条件下，断路器保证正常关合的最大预期峰值电流
分闸时间/m	从接到分闸指令开始到所有极弧触头都分离瞬间的时间间隔
开断时间/ms	从分闸线圈通电（发布分闸命令）至三相电弧完全熄灭的时间
合闸时间/ms	从合闸命令开始到最后一极弧触头接触瞬间的时间间隔
金属短接时间/m	断路器在合闸操作时从动、静触头刚接触到刚分离的一段时间
分（合）闸不同期时间/m	断路器各相间或同相各断口间分（合）的最大差异时间
额定充气压力（表压）/MPa	标准大气压下设备运行前或补气时要求充入气体的压力
相对漏气率（简称漏气率）	设备（隔室）在额定充气压力下，在一定时间间隔内测定的漏气量与总气量之比，以年漏百分率表示
无电流间隔时间/ms	断路器各相中的电弧完全熄灭到任意相再次通过电流为止的所用时间

（3）选型原则。

①断路器额定电压必须大于或等于线路工作电压。负载或额定电源电压要大于或等于开关额定电压，因为这事关产品的安全性能。高于开关额定电压有可能使产品绝缘性能下降，存在事故隐患。

②断路器额定短路通断能力大于或等于线路中可能出现的最大短路电流。线路中相线与相线或相线与中性线之间短路电流很大，越接近电源分配端电流越大。由于整个短路回路阻

抗小，因此要求断路器必须有一定的短路通断能力，当短路通断能力大于或等于线路中可能出现的最大短路电流时，在瞬时脱扣器的作用下，开关能瞬时熄弧断开。如开关的额定短路通断能力小于或等于线路中可能出现的最大短路电流，开关不能熄弧，由燃弧引起的过高温度使触点粘接（短路），从而毁坏配电线路甚至设备。

③断路器额定电流大于或等于线路负载电流。负载额定电流必须等于或小于开关额定电流，一般情况下小于开关额定电流，考虑到一定裕度，一般选开关额定电流比实际负载电流大20%左右，不要选得太大，必须考虑过载保护及短路保护都能动作，选取过大的额定电流，过载保护失去作用，由于线路粗细及长短关系，负载端短路电流达不到瞬时脱扣器的整定动作值，从而使短路保护失效。

④漏电断路器额定漏电动作电流必须大于或等于2倍的线路泄漏电流。在配电线路中由于线路绝缘电阻随着时间增长会下降及对地布线分布电容的存在，线路或多或少对地存在一定泄漏电流，有的还比较大，因此漏电断路器额定漏电动作电流必须大于实际泄漏电流的两倍才能保证开关不会误动作，这与国家标准规定的额定漏电不动作电流为额定动作电流的一半相符。

⑤断路器末端单相对地短路时能使 B、C、D 型瞬时脱扣器的开关动作，对于不同类型的负载（用电设备）选用不同的瞬时脱扣器和相应的电流等级的产品。根据不同的负载设备选用不同类型的瞬时脱扣器和额定电流，B、C、D 型瞬时脱扣器的使用对象前面有说明。选取额定电流及相应的瞬时脱扣器时必须考虑负载的额定电流及可能输出的最大短路电流。当最大短路电流大于或等于 B、C、D 型瞬时脱扣器的整定动值时，短路保护才能起作用。

⑥在装漏电断路器之前必须搞清原有的供电保护形式，以便判断是否可以直接安装或需改动。在未安装漏电断路器之前，有些设备已采取一些供电保护形式，但是有一些保护形式如不改动是不适合直接安装漏电断路器的，否则会引起开关的误动或拒动。具体使用将在后面案例中进行分析。

⑦有进出线规定的产品必须严格按要求接线，进出线不可反接。漏电断路器必须按要求接线，否则会造成开关漏电保护功能损坏，由于漏电保护线路板的工作电源从开关的出线端引出，如采取反接线，则线路板的工作电源长期存在，一旦漏电保护动作，内部电磁脱扣线圈因长期通电而损坏（将电磁脱扣线圈设计为瞬时工作方式），漏电功能损坏。

（4）案例分析。智能制造概念工厂喷砂机电源、喷砂搬运机器人电源、数控精雕机电源、多关节机器人电源、包装单元电源和备用电源一共6个部分，每个部分需要一个断路器进行保护。

须满足条件：

①多关节机器人电源和备用电源额定电压为 220 V；

②喷砂机电源、喷砂搬运机器人电源、数控精雕机电源、包装单元电源额定电压为380 V；

③在各个电路中起到断路保护的作用。

断路器选型：多关节机器人电源、喷砂机电源、喷砂搬运机器人电源、数控精雕机电源、包装单元电源都需要断路保护，应以断路器作为保护器件。

3. 熔体和熔断器选型

（1）熔断器安秒特性。熔断器动作是靠熔体熔断来实现的，当电流较大时熔体熔断所需时间较短，电流较小时熔体熔断所需时间较长，甚至不会熔断。因此对熔体来说，动作电流和动作时间特性即熔断器安秒特性为反时限特性。

①熔断器安秒特性为反时限特性（短路电流值越大，熔断时间越短）；

②I_r为最小熔断电流，是熔断电流与不熔断电流分界线；

③在额定电流下，熔体绝不应熔断，因此最小熔断电流必须大于额定电流。

每一熔体都有最小熔断电流。相应于不同温度，最小熔断电流也不同。虽然该电流受外界环境影响，但在实际应用中可以不加考虑。一般定义熔体最小熔断电流与熔体额定电流之比为最小熔化系数，常用熔体熔化系数大于 1.25，即额定电流为 10 A 的熔体在电流为 12.5 A 以下时不会熔断。熔断电流与熔断时间的关系如表 5 – 8 所示。

表 5 – 8　熔断电流与熔断时间的关系

熔断电流	$1.25 \sim 1.3I_N$	$1.6I_N$	$2I_N$	$2.5I_N$	$3I_N$	$4I_N$
熔断时间	∞	1 h	40 s	8 s	4.5 s	2.5 s

可以看出，熔断器只能起到短路保护作用，不能起过载保护作用。如确需在过载保护中使用，必须降低其使用的额定电流，如 8 A 熔体用于 10 A 电路中，兼作过载保护和短路保护，但此时过载保护特性并不理想。

（2）熔体确定。

①额定电压选择。对于一般熔断器，其额定电压必须大于或等于电网额定电压。对于填充石英砂、具有限流作用的熔断器，则只能用在等于其额定电压的电网中，因为这种类型熔断器能在电流达到最大值之前就将电流截断，致使熔断器熔断时产生过电压。

若半导体设备的负荷是有源逆变器、逆变型制动电动机等逆变型负载，应考虑半导体器件失控等引起设备直流侧短路的可能性，在快速熔断器熔断时，熔片两端产生交流电压与直流电压叠加的现象，快速熔断器额定电压应按式（5 – 4）计算：

$$U_N \geq U_{ac} + U_{d0} \times 1/\sqrt{2} \tag{5 – 4}$$

式中：U_{ac}为快速熔断器熔断后外加交流电压；U_{d0}为半导体设备负载端逆变型直流电压。

②额定电流选择。熔断器额定电流 I_{NF} 是以电路中实际流过熔断器电流有效值 I_F 为基础，并考虑环境温度、冷却条件、电流裕度等因素影响进行计算。

$$I_{NF} = K \times I_F \tag{5 – 5}$$

式中：K 值一般可取 1.5 ~ 2。对于自冷式熔断器 K 取较大值，尤其对熔断器两端连接导线特别短的电路；对于水冷式熔断器 K 取较小值。快速熔断器选用额定电流过大，势必增加

熔断器的 I_t 值，对半导体器件的保护是有害的。

4. 交流接触器选型

接触器是一种用来接通或断开带负载的交直流主电路或大容量控制电路的自动化切换器，主要控制对象是电动机，也用于其他负载，如电热器、电焊机、照明设备等，接触器不仅能接通和切断电路，还具有低电压释放保护作用。接触器控制容量大，适用于频繁操作和远程控制，是自动控制系统中的重要元件之一。

工作原理：当线圈通电时，静铁芯产生电磁吸力将动铁芯吸合，由于触头系统是与动铁芯联动的，因此动铁芯带动三个动触头同时动作，主触头闭合，和主触头机械相连的辅助常闭触头断开，辅助常开触头闭合，从而接通电源。当线圈断电时，吸力消失，动铁芯联动部分依靠弹簧的反作用力而分离，使主触头断开，和主触头机械相连的辅助常闭触头闭合，辅助常开触头断开，从而切断电源。

（1）CJ20 交流接触器主要参数（表 5 - 9）。

表 5 - 9　CJ20 交流接触器主要参数

型号	额定绝缘电压 /V	额定发热电流 /A	AC - 3 使用类别下可控制的三相笼型电动机的最大功率/kW			每小时操作循环次数	AC - 3 点寿命次数	线圈功率启动/W	选用的熔断器型号
			220 V	380 V	660 V				
CJ20 - 10		10	2.2	4	4			65/8.3	RT16 - 20
CJ20 - 16		16	4.5	7.5	11		100	62/8.5	RT16 - 32
CJ20 - 25		32	5.5	11	13			93/14	RT16 - 50
CJ20 - 40	660	55	11	22	22	1 200		175/19	RT16 - 80
CJ20 - 63		80	18	30	35			480/57	RT16 - 160
CJ20 - 100		125	28	50	50		120	570/61	RT16 - 250
CJ20 - 160		200	48	85	85			855/85.5	RT16 - 315
CJ20 - 250		315	80	132	—			1710/125	RT16 - 400
CJ20 - 250/06		315	—	—	190			1710/125	RT16 - 400
CJ20 - 400	660	400	115	200	220	600	60	1710/125	RT16 - 500
CJ20 - 630		630	175	300	—			3578/250	RT16 - 630
CJ20 - 630/06		630	—	—	335			3578/250	RT16 - 630

①额定电压。主触头额定工作电压应等于负载的额定电压。一个接触器常规定几个额定电压，同时列出相应的额定电流或控制功率。通常，最大工作电压即为额定电压。常用的额定电压值为 220 V、380 V、660 V 等。

②额定电流。接触器触头在额定工作条件下的电流值。380 V三相电动机控制电路中，额定工作电流可近似等于控制功率的两倍。常用额定电流等级为 5 A、10 A、20 A、40 A、60 A、100 A、150 A、250 A、400 A、600 A。

③通断能力。可分为最大接通电流和最大分断电流。最大接通电流是指触头闭合时不会造成触头熔焊的最大电流值；最大分断电流是指触头断开时能可靠灭弧的最大电流值。一般通断能力是额定电流的 5 ~ 10 倍。当然，这一数值与通断电路的电压等级有关，电压越高，通断能力越小。

④动作值。可分为吸合电压和释放电压。吸合电压是指接触器吸合前，缓慢增加吸合线圈两端的电压，直至接触器可以吸合时的最小电压。释放电压是指接触器吸合后，缓慢降低吸合线圈的电压，直至接触器释放时的最大电压。一般规定，吸合电压不低于线圈额定电压的 85%，释放电压不高于线圈额定电压的 70%。

⑤吸引线圈额定电压。接触器正常工作时吸引线圈上所加的电压值。一般该电压数值及线圈的匝数、线径等数据标于线包上，而不是标于接触器外壳铭牌上，使用时应加以注意。

⑥操作频率。接触器在吸合瞬间，吸引线圈需消耗比额定电流大 5 ~ 7 倍的电流，如果操作频率过高，则会使线圈严重发热，直接影响接触器的正常使用。为此，规定了接触器的允许操作频率，一般为每小时允许操作次数的最大值。

⑦寿命。包括电气寿命和机械寿命。目前接触器的机械寿命已达一千万次以上，电气寿命约是机械寿命的 5% ~ 20%。

（2）交流接触器选用原则。接触器作为通断负载电源的设备，应按满足被控制设备的要求进行选用，除额定工作电压与被控设备的额定工作电压相同外，被控设备的负载功率、使用类别、控制方式、操作频率、工作寿命、安装方式、安装尺寸及经济性也是选择接触器的依据。选用原则如下：

①交流接触器的电压等级要和负载相同，选用的接触器类型要和负载相适应。

②负载的计算电流要符合接触器的容量等级，即计算电流小于或等于接触器的额定工作电流。接触器的接通电流大于负载的启动电流，分断电流大于负载运行时分断需要电流，负载的计算电流要考虑实际工作环境和工况，对于启动时间长的负载，半小时峰值电流不能超过约定发热电流。

③按短时的动、热稳定校验。线路的三相短路电流不应超过接触器允许的动、热稳定电流，当使用接触器断开短路电流时，还应校验接触器的分断能力。

④接触器吸引线圈的额定电压、电流及辅助触头的数量、电流容量应满足控制回路接线要求。要考虑接在接触器控制回路中的线路长度、推荐的操作电压值，接触器要能够在 85% ~ 110% 的额定电压值下工作。如果线路过长，由于电压降太大，接触器线圈对合闸指令有可能不起反应；由于线路电容太大，可能对跳闸指令不起作用。

⑤根据操作次数校验接触器所允许的操作频率。如果操作频率超过规定值，额定电流应该加大一倍。

⑥短路保护元件参数应该和接触器参数配合选用。选用时可参见样本手册，样本手册一般给出的是接触器和熔断器的配合表。

⑦接触器和其他元器件的安装距离要符合相关国标、规范，要考虑维修和走线距离。

注意：接触器和空气断路器的配合要根据空气断路器的过载系数和短路保护电流系数来决定。接触器的约定发热电流应小于空气断路器的过载电流，接触器的接通、断开电流应小于空气断路器的短路保护电流，这样空气断路器才能保护接触器。实际情况下，接触器在一个电压等级下约定发热电流和额定工作电流比值在 1～1.38 之间，而空气断路器的反时限过载系数参数比较多，不同类型空气断路器不一样，因此两者间配合很难有一个标准，不能形成配合表，需要实际核算。

（3）同负载下交流接触器选用。为了使接触器不会发生触头粘连烧蚀，延长寿命，接触器要躲过负载启动最大电流，还要考虑到启动时间的长短等不利因素，因此要对接触器通断运行的负载进行分析，根据负载电气特点和此电力系统的实际情况，对不同的负载启停电流进行计算校核。

①控制电热设备用交流接触器的选用。这类设备有电阻炉、调温设备等，其电热元件负载中使用的绕线电阻元件的接通电流可达额定电流的 1.4 倍，如果考虑到电源电压升高等，电流还会变大。此类负载的电流波动范围很小，按使用类别属于 AC-1，操作也不频繁，只要按照接触器的额定工作电流 I_{th} 等于或大于电热设备工作电流的 1.2 倍选用接触器即可。

②控制照明设备用接触器的选用。照明设备的种类很多，不同类型照明设备的启动电流和启动时间也不一样。此类负载使用类别为 AC-5a 或 AC-5b。如果启动时间很短，可选择其发热电流 I_{th} 等于照明设备工作电流 1.1 倍。启动时间较长及功率因数较低，可选择其发热电流 I_{th} 比照明设备工作电流大一些。

③控制电焊变压器用接触器的选用。当接通低压变压器负载时，变压器因为二次侧的电极短路而出现短时的陡峭大电流，在一次侧出现较大电流，可达额定电流的 15～20 倍，它与变压器的绕组布置及铁芯特性有关。当电焊机频繁地产生突发性的强电流，从而使变压器的初级侧的开关承受巨大的应力和电流，因此必须按照变压器的额定功率下电极短路时一次侧的短路电流及焊接频率来选择接触器，即接通电流大于二次侧短路时一次侧电流。此类负载使用类别为 AC-6a。

④电动机用接触器的选用。电动机用接触器根据电动机使用情况及电动机类别可分别选用 AC-2～AC-4，在启动电流为 6 倍额定电流、分断电流为额定电流情况下可选用 AC-3，如风机水泵等，可采用查表法及选用曲线法，根据样本及手册选用，不用再计算。

绕线式电动机启动电流及分断电流都是 2.5 倍额定电流，一般启动时在转子中串入电阻以限制启动电流，增加启动转矩，使用类别为 AC-2，可选用转动式接触器。当电动机处于点动、需反向运转及制动时，启动电流为 $6I_e$，使用类别为 AC-4，它比 AC-3 严苛得多。可根据使用类别 AC-4 下列出的电流大小计算电动机的功率。公式如下：

$$P_e = 3\eta U_e I_e \cos \varphi \tag{5-6}$$

式中：U_e 为电动机额定电压；I_e 为电动机额定电流；$\cos\varphi$ 为功率因数；η 为电动机效率。

如果允许触头寿命缩短，AC-4电流可适当加大，在很低的通断频率下改为 AC-3 类。根据电动机保护配合的要求，堵转电流以下电流应该由控制电器接通和分断。大多数 Y 系列电动机的堵转电流小于等于 $7I_e$，因此选择接触器时要考虑分、合堵转电流。规范规定：电动机运行在 AC-3 下，接触器额定电流不大于630 A 时，接触器应当能承受8倍额定电流至少10 s。

对于一般设备用电动机，工作电流小于额定电流，启动电流虽然达到额定电流的 4～7 倍，但时间短，对接触器的触头破坏不大，接触器在设计时已考虑此因数，一般选用触头容量大于电动机额定容量的 1.25 倍即可。对于在特殊情况下工作的电动机要根据实际工况考虑。如电动葫芦属于冲击性负载，重载启停频繁，反接制动等，因此计算工作电流要乘以相应倍数，由于重载启停频繁，选用4倍电动机额定电流，通常重载下反接制动电流为启动电流的两倍，因此对于此工况要选用8倍额定电流。

⑤电容器用接触器。接通时电容器产生瞬态充电过程，出现很大的合闸涌流，同时伴随着很高的电流频率振荡，此电流由电网电压、电容器的容量和电路中的电抗决定（即与此馈电变压器和连接导线有关），因此触头闭合过程中可能烧蚀严重，应当按计算出的电容器电路中最大稳态电流和实际电力系统中接通时可能产生的最大涌流峰值进行选择，这样才能保证正确安全地操作使用。选用普通型交流接触器要考虑接通电容器组时的涌流倍数、电网容量、变压器、回路及开关设备的阻抗、并联电容器组放电状态及合闸相角等，一般达到 50～100 额定电流，计算时比较烦琐。如果电容器组没有放电装置，可选用带强制泄放电阻电路的专用接触器，如 ABB 公司的 B25C、B275C 系列。国产的 CJ19 系列切换电容器接触器专为电容器而设计，也采取了串联电阻抑制涌流的措施。选用时参见样本，而且还要考虑无功补偿装置标准中的规定。电容器投入瞬间产生的涌流峰值应限制在电容器组额定电流的 20 倍以下（GB/T 22582-2008《电力电容器　低压功率因数补偿装置》规定）；还应考虑最大稳态电流下电容器运行、电容器组运行时的谐波电压加上高达 1.1 倍额定工作时的工频过电压，会产生较大的电流。电容器组电路中的设备器件应能在额定频率、额定正弦电压所产生的均方根值不超过 1.3 倍额定电流下连续运行，由于实际电容器的电容值可能达到额定电容值 1.1 倍，故此电流可达 1.43 倍额定电流，因此选择接触器的额定发热电流应不小于此最大稳态电流。

（4）案例分析。智能制造教学工厂 280 机械手总电源进线图中伺服电源部分需要短路保护。需要满足以下条件：

①额定电压为 220 V；

②额定电流大于 8 A；

③负载为伺服驱动器；

④为伺服驱动提供断电保护功能。

交流接触器选型：

①负载电流较大，继电器不能满足要求，选择接触器作为保护器件；

②在电路中起到短路保护功能，不需要频繁启停，输入电源为交流 220 V，选择 220 V 的交流接触器作为保护器件；

③电路负载为伺服驱动器，最大瞬时电流为 15 A，交流接触器可选 20 A 的额定电流。

5. 导线选型

（1）导线分类。

①按所用金属材料可分为铜线、铝线、钢芯铝绞线、钢线、镀锌铁线等。

②按构造可分为裸导线、绝缘导线、电磁线、电缆等，其中裸导线分为单线和绞线两种，绝缘导线分为单芯和多芯两种。

③按金属性质可分为硬线及软线两种。硬线未经退火处理，抗拉强度大；软线经过退火处理，抗拉强度小。

④按导线的截面形状可分为圆线和型线两种。

⑤导线规格划分：导线规格是按导线截面积划分的，单位是平方毫米（mm²），依次划分为 0.3、0.5、0.75、1.0、1.5、2.5、4、6、10、16、25、35、50、70、95、120、150、185、240、300、400、500。其中 1.5~185 为常见规格。

（2）导线选型。导线、电缆截面选择应满足发热条件、电压损失、机械强度等要求，以保证电气系统安全、可靠、经济、合理地运行。选择导线截面时，一般按下列步骤：

a. 对于距离 $L \leq 200$ m 且负荷电流较大的供电线路，一般先按发热条件的计算方法选择导线截面，然后按电压损失条件和机械强度条件进行校验。

b. 对于距离 $L > 200$ m 且电压水平要求较高的供电线路，应先按允许电压损失的计算方法选择截面，然后用发热条件和机械强度条件进行校验。

c. 对于高压线路，一般先按经济电流密度选择导线截面，然后用发热条件和电压损失条件进行校验。

①按经济电流密度选择。经济电流密度是从经济角度出发，综合考虑输电线路的电能损耗和投资效益等指标，来确定导线的单位面积内流过的电流值。其计算方法为

$$I = SJ \tag{5-7}$$

式中：I 为线路上流过的电流；S 为导线的横截面积；J 为经济电流密度。

我国现行的导线经济电流密度值见表 5-10。

表 5-10　我国现行的导线经济电流密度值　　　　　　　　　　　A/mm²

导线种类	年最大负荷利用		
	3 000 h 以下	3 000~5 000 h	5 000 h 以上
裸铝、钢芯铝绞线	1.65	1.15	0.90
裸铜导线	3.00	2.25	1.75

续表

导线种类	年最大负荷利用		
	3 000 h 以下	3 000~5 000 h	5 000 h 以上
铝芯电缆	1.92	1.73	1.54
铜芯电缆	2.50	2.25	2.00

②按机械强度选择。导线在敷设时和敷设后所受的拉力与线路的敷设方式和使用环境有关。导线本身的重量及风雪冰雹等的外加压力会使导线承受一定的应力，如果导线过细就容易折断，引起停电事故。在各种不同敷设方式下导线按机械强度确定的最小允许截面见表5–11。

表5–11　按机械强度确定的绝缘导线最小允许截面积

用途		线芯的最小面积/mm²		
		铜芯软线	铜线	铝线
穿管敷设的绝缘导线		1.0	1.0	1.0
架设在绝缘支持件上的绝缘导线的支点间距	1 m 以下，室内		1.0	1.5
	1 m 以下，室外		1.5	2.5
	2 m 以下，室内		1.0	2.5
	2 m 以下，室外		1.5	2.5
	6 m 以下		2.5	4.0
	12 m 以下		2.5	6.0
	12~25 m		4.0	10
照明灯头线	民用建筑室内	0.4	0.5	1.5
	工业建筑室内	0.5	0.8	2.5
	室外	1.0	1.0	2.5
移动式用电设备导线		1.0		
架空裸导线			10	16

③按发热条件选择。每一种导线通过电流时，导线本身的电阻及电流的热效应都会使导线发热，温度升高。如果导线温度超过一定限度，导线就会加速老化，甚至损坏或造成短路失火等事故。为使导线能长期通过负荷电流而不过热，对一定截面的不同材料的导线就有一个规定的容许电流值，称为允许载流量。这个数值是根据导线绝缘材料的种类、允许升温、表面散热情况及散热面积的大小等条件来确定的。按发热条件来选择导线截面，就是要求根

据计算负荷求出的总计算电流 $I\sum c$ 不可超过这个允许载流量 I_N，即

$$I_N = I\sum c \qquad\qquad (5-8)$$

若视在计算负荷为 $S\sum c$，电网规定电压为 U_N，则有

$$I\sum c = S\sum c/\sqrt{3}U_N \qquad\qquad (5-9)$$

表5-12和表5-13给出了常用铜芯线和铝芯线在25℃的环境温度、不同敷设条件下的长期连续负荷允许载流量。由于允许载流量与环境温度有关，因此选择导线截面时要注意导线安装地点的环境温度。

表5-12　500 V铜芯绝缘导线长期连续负荷允载流量（环境温度25℃）　　A

导线截面 /mm²	导线明敷		橡皮绝缘导线穿在同一塑料管内			塑料绝缘导线穿在同一塑料管内		
	橡皮	塑料	2根	3根	4根	2根	3根	4根
1.0	21	19	13	12	11	12	11	10
1.5	27	24	17	16	14	16	15	13
2.5	35	32	25	22	20	24	21	19
4	50	42	33	30	26	31	28	25
6	58	55	43	38	34	41	36	32
10	85	75	59	52	46	56	49	44
16	110	105	76	68	64	72	65	57
25	145	138	100	90	80	95	85	75
35	180	170	125	110	98	120	105	93
50	230	215	160	140	123	150	132	117
70	285	265	195	175	155	185	167	148
95	345	325	240	215	195	230	205	185
120	400	—	278	250	227	—	—	—
150	470	—	320	290	265	—	—	—

④按允许电压损失选择。当有电流流过导线时，由于线路中存在电阻、电感等因素，必将引起电压降落。如果设备端的输出电压为 U_1，而负载端得到的电压为 U_2，那么线路上电压损失的绝对值为

$$\Delta U = U_1 - U_2 \qquad\qquad (5-10)$$

由于用电设备的端电压偏移有一定的允许范围，因此一切线路的电压损失也有一定的允许值。如果线路上的电压损失超过允许值，就会影响用电设备的正常运行。为了保证电压损

失在允许值的范围内,就必须保证导线有足够的截面积。

对于不同等级的电压,电压损失的绝对值 ΔU 并不能确切地表达电压损失的程度,因此工程上常用 ΔU 与额定电压 U_N 的百分比来表示相对电压损失,即

$$\Delta U\% = (U_1 - U_2)/U_N \times 100\% \qquad (5-11)$$

供电规则中规定:对 35 kV 及以上供电的电压质量有特殊要求的用户,电压变动幅度不应超过额定电压的 ±5%;10 kV 及以下高压供电和低压供电用户,电压变动幅度不应超过额定电压的 ±7%;对低压照明用户,电压变动幅度不应超过额定电压的 ±5%~10%。

线路电压损失的大小与导线材料、截面大小、线路长短和电流大小相关,线路越长,负荷越大,线路电压损失也越大。在工程计算中,采用计算相对电压损失的一种简化式:

$$\Delta U\% = PL/(CS)\% \qquad (5-12)$$

在给定允许电压损失 $\Delta U\%$ 后,便可计算出相应导线截面:

$$S = (PL/(C\Delta U)\%)\% \qquad (5-13)$$

式中:PL 为负荷矩,kW·m;P 为线路输送的电功率,kW;L 为线路长度(指单程距离),m;$\Delta U\%$ 为允许电压损失;S 为导线截面积,mm^2;C 为电压损失计算常数,由电压的相数、额定电压及材料的电阻率等决定,见表 5-14。

表 5-13　500 V 铝芯绝缘导线长期连续负荷允载流量(环境温度 25 ℃)　A

导线截面 /mm^2	导线明敷		橡皮绝缘导线穿在同一塑料管内			塑料绝缘导线穿在同一塑料管内		
	橡皮	塑料	2 根	3 根	4 根	2 根	3 根	4 根
2.5	27	25	19	17	15	18	16	12
4	35	32	25	23	20	24	22	19
6	45	42	33	29	26	31	27	25
10	65	59	44	40	35	42	38	33
16	85	80	58	52	46	55	49	44
25	110	105	77	68	60	73	65	57
35	138	130	95	84	74	90	80	70
50	175	165	120	108	95	114	102	90
70	220	205	153	135	120	145	130	115
95	265	250	184	165	150	175	158	140
120	310	—	210	190	170	—	—	—
150	360	—	250	227	205	—	—	—

表 5 – 14　电压损失计算常数

线路系数及电流种类	线路额定电压/V	系数 C 值	
		铜线	铝线
三相四线制	380/220	77	46.3
单相交流或直流	220	12.8	7.75
	110	3.2	1.9

⑤零线截面的选择方法。三相四线制中的零线截面根据运行经验可选为相线的 1/2 左右。但必须注意不得小于按机械强度要求选择的最小允许截面。

在单相制中由于零线与相线中流过的是同一负荷的电流，因此零线截面要与相线相同。

在选择导线截面时，除了考虑主要因素外，为了同时满足前述几个方面的要求，必须以计算所得的几个截面中的最大者为准，最后从电线产品目录中选用稍大于所要求得的线芯截面即可。对于高压线路，一般先按经济电流密度来选择导线截面，然后用发热条件和电压损失条件进行校验；对于距离较远的户外配电干线和电压水平要求较高的低压照明线路，一般是根据电压损失来选择导线截面，再以发热条件来校验；对于配电距离较短（小于 200 m）线路和负荷电流较大的低压电力线路，一般先按发热条件来选择导线截面，再以电压损失来校验。但无论是根据何种方式计算导线截面，最终都必须满足导线对机械强度的要求。

5.1.3　PLC 选型

可编程逻辑控制器（Programmable Logic Controller，PLC）可理解为拥有自己语言的工业控制用计算机，用户将编好的程序写入其内部存储器。通过执行逻辑运算、计数与算术运算、定时、顺序控制等指令，以及数字式或模拟式的输入与输出，控制各种类型的机械或生产过程。其特点如下。

（1）使用方便，编程简单。每个品牌的 PLC 都有自己的编程软件，其中梯形图是设计中最常用的一种编程语言。梯形图受到广泛欢迎和应用的原因是电气设计人员对继电器控制十分熟悉，并且与电气原理图相对应，电气设计人员不需要专业的计算机知识，也能在较短时间内快速学会编程。

（2）功能强，性能价格比高。一台小型的 PLC 就会有上百个输入/输出接口，等同于由 400~800 个继电器组成的控制系统，与之对比，PLC 体积小、功耗小的特点就尤为突出，并且 PLC 的各种内部运行状态和输入/输出状态可以通过多种方式直观地显示，还可以通过联网通信实现异地控制，有利于运行和维护。

（3）接口简单、维护方便。PLC 一般采用接线端子与外部设备相连，操作简单方便，它的硬件配套产品都已实现标准化、系列化和模块化，用户可根据自身实际需求，灵活选择模块进行配置，组合成带有自己标签的系统。同时，PLC 还具有很强的负载能力，可直接驱动一般的电磁阀和小型交流接触器。

（4）可靠性高，抗干扰能力强。PLC由于具有超高可靠性和强大的抗干扰能力，已被业界公认为是最值得信赖的控制设备之一。它与传统的继电器控制系统相比，节省了大量的中间继电器和时间继电器，取而代之的只是PLC软件来实现其功能，这样就大大减少了因接触器触头的接触不良而出现的故障。而PLC采用的现代化大规模集成电路技术也是它获得超高可靠性的保障。

（5）系统的设计、安装、调试工作量少。因常规的继电器控制系统中，大量的中间器件被PLC的软件功能所替代，这就使得控制柜的设计和安装等工作大大减少了工作量。前面也提到，梯形图这种编程语言又较为简单易学，操作灵活方便，因此比较绘制继电器控制的电路图，梯形图的编写也使得工作时间大大缩短。另外，PLC在系统的调试环节也表现出强大的优势，原因是其输入/输出信号都通过实验室模拟给出，程序逻辑是否合理，功能有无实现等均可在实验室模拟得出结果，发现问题后通过调整程序也可方便地解决，调试过程明显比继电器控制系统简单得多。

PLC选型主要从以下几个方面考虑。

1. I/O 点数

在项目设计时，通常先进行I/O点数统计，在此数据基础上，预留一定数量的接点，作为后期维护或者功能升级使用。但也要考虑到经济成本因素，额定点数一般是放大1.1~1.2倍。

2. 存储器容量

存储器容量是指PLC用来存储程序、变量地址、注释符号、数据单元等内容的存储单元的容量值，计算容量化模拟信号和数字信号的计算系数不同，前者乘以100，后者乘以15即可，计算得出的就是最大内存量，为了运行稳定，再乘以1.3倍放大处理即可。

3. 控制功能选择

该选择包括运算功能、控制功能、通信功能、编程功能、诊断功能和处理速度等特性的选择。

（1）运算功能。简单PLC的运算功能包括逻辑运算、计时和计数功能；普通PLC的运算功能还包括数据移位、比较等；较复杂运算功能有代数运算、数据传送等；大型PLC中还有模拟量的PID运算和其他高级运算功能。随着开放系统的出现，目前在PLC中都已具有通信功能，有些产品具有与下位机、同位机或上位机通信的功能，有些产品还具有与工厂或企业网进行数据通信的功能。设计选型时应从实际应用的要求出发，合理选用所需的运算功能。大多数应用场合，只需要逻辑运算和计时计数功能，有些应用需要数据传送和比较功能；当用于模拟量检测和控制时，才使用代数运算、数值转换和PID运算等；要显示数据时需要译码和编码等运算。

（2）控制功能。控制功能包括PID控制运算、前馈补偿控制运算、比值控制运算等，应根据控制要求确定。PLC主要用于顺序逻辑控制，因此，大多数场合常采用单回路或多回路控制器解决模拟量的控制，有时也采用专用的智能输入/输出单元完成所需的控制功能，提高 PLC 的处理速度和节省存储器容量，例如采用 PID 控制单元、高速计数器、带速度补偿的模拟单元、ASC 码转换单元等。

（3）通信功能。大中型 PLC 系统应支持多种现场总线和标准通信协议（如 TCP/IP），需要时应能与工厂管理网（TCP/IP）相连接。通信协议应符合 ISO/IEEE 通信标准，应是开放的通信网络。

PLC 系统的通信接口应包括串行和并行通信接口（RS2232C/422A/423/485）、RIO 通信口、工业以太网、常用 DCS 接口等；大中型 PLC 通信总线（含接口设备和电缆）应 1∶1 冗余配置，通信总线应符合国际标准，通信距离应满足装置实际要求。

PLC 系统的通信网络中，上级的网络通信速率应大于 1 Mb/s，通信负荷不大于 60%。PLC 系统的通信网络主要形式：①PC 为主站，多台同型号 PLC 为从站，组成简易 PLC 网络；②1 台 PLC 为主站，其他同型号 PLC 为从站，构成主从式 PLC 网络；③PLC 网络通过特定网络接口连接到大型 DCS 中作为子网；④专用 PLC 网络（各厂商的专用 PLC 通信网络）。

为减轻 CPU 通信任务，根据网络组成的实际需要，应选择具有不同通信功能的（如点对点、现场总线、工业以太网）通信处理器。

（4）编程功能。离线编程方式：PLC 和编程器共用一个 CPU，编程器在编程模式时，CPU 只为编程器提供服务，不对现场设备进行控制。完成编程后，编程器切换到运行模式，CPU 对现场设备进行控制，不能进行编程。离线编程方式可降低系统成本，但使用和调试不方便。在线编程方式：PLC 和编程器有各自的 CPU，主机 CPU 负责现场控制，并在一个扫描周期内与编程器进行数据交换，编程器把在线编制的程序或数据发送到主机，下一扫描周期，主机就可根据新收到的程序运行。这种方式成本较高，但系统调试和操作方便，在大中型 PLC 中常采用。

五种标准化编程语言：顺序功能图（SFC）、梯形图（LD）、功能模块图（FBD）三种图形化语言和语句表（IL）、结构文本（ST）两种文本语言。选用的编程语言应遵守其标准（IEC 6113123），同时，还应支持多种语言编程形式，如 C，Basic 等，以满足特殊控制场合的控制要求。

（5）诊断功能。PLC 的诊断功能包括硬件和软件的诊断。硬件诊断是指通过硬件的逻辑判断确定硬件的故障位置，软件诊断分内诊断和外诊断。通过软件对 PLC 内部的性能和功能进行诊断是内诊断，通过软件对 PLC 的 CPU 与外部输入/输出等部件信息交换功能进行诊断是外诊断。

PLC 诊断功能的强弱直接影响对操作和维护人员技术能力的要求，并影响平均维修时间。

（6）处理速度。PLC 采用扫描方式工作。从实时性要求来看，处理速度应越快越好，如果信号持续时间小于扫描时间，则 PLC 扫描不到该信号，造成信号数据的丢失。

处理速度与用户程序的长度、CPU 处理速度、软件质量等有关。目前，PLC 接点的响应快、速度高，每条二进制指令执行时间约 0.2～0.4 Ls，因此能适应控制要求、相应要求高的应用需要。扫描周期（处理器扫描周期）应满足：小型 PLC 的扫描时间不大于 0.5 ms/K；大中型 PLC 的扫描时间不大于 0.2 ms/K。

4. 机型选择

（1）PLC 类型。PLC 按结构分为整体型和模块型两类，按应用环境分为现场安装和控制室安装两类；按 CPU 字长分为 1 位、4 位、8 位、16 位、32 位、64 位等。从应用角度出发，通常可按控制功能或输入/输出（I/O）点数选型。

整体型 PLC 的 I/O 点数固定，因此用户选择的余地较小，用于小型控制系统；模块型 PLC 提供多种 I/O 卡件或插卡，因此用户可较合理地选择和配置控制系统的 I/O 点数，功能扩展方便灵活，一般用于大中型控制系统。

（2）输入/输出模块选择。输入/输出模块的选择应考虑与应用要求的统一。例如对输入模块，应考虑信号电平、信号传输距离、信号隔离、信号供电方式等应用要求。对输出模块，应考虑选用的输出模块类型，通常继电器输出模块具有价格低、使用电压范围广、寿命短、响应时间较长等特点；可控硅输出模块适用于开关频繁、电感性低功率因数负荷场合，但价格较贵，过载能力较差。输出模块还有直流输出、交流输出和模拟量输出等，与应用要求应一致。

可根据应用要求合理选用智能型输入/输出模块，以便提高控制水平和降低应用成本。

考虑是否需要扩展机架或远程 I/O 机架等。

（3）电源选择。PLC 的供电电源除了引进设备时同时引进 PLC 应根据产品说明书要求设计和选用外，一般 PLC 的供电电源应设计选用 AC 220 V 电源，与国内电网电压一致。重要的应用场合，应采用不间断电源或稳压电源供电。

如果 PLC 本身带有可使用电源，则应核对提供的电流是否满足应用要求，否则应设计外接供电电源。为防止外部高压电源因误操作而引入 PLC，对输入和输出信号的隔离是必要的，有时也可采用简单的二极管或熔丝管隔离。

（4）存储器选择。由于计算机集成芯片技术的发展，存储器的价格已下降，因此，为保证应用项目的正常投运，一般要求 PLC 的存储器容量按 256 个 I/O 点至少选 8 K 存储器选择。需要复杂控制功能时，应选择容量更大、档次更高的存储器。

（5）冗余功能选择。

①控制单元冗余。

a. 重要的过程单元：CPU（包括存储器）及电源均应 1B1 冗余。

b. 在需要时也可选用 PLC 硬件与热备软件构成的热备冗余系统、2 重化或 3 重化冗余容错系统等。

②I/O 接口单元冗余。

a. 控制回路的多点 I/O 卡应冗余配置。

b. 重要检测点的多点 I/O 卡可冗余配置。

③根据需要对重要的 I/O 信号选用 2 重化或 3 重化的 I/O 接口单元。

（6）经济性考虑。选择 PLC 时，应考虑性能价格比。考虑经济性时，应同时考虑应用的可扩展性、可操作性、投入产出比等因素，进行比较和兼顾，最终选出较满意的产品。

输入/输出点数对价格有直接影响。每增加一块输入/输出卡件就需增加一定的费用。当点数增加到某一数值后，相应的存储器容量、机架、母板等也要相应增加，因此，点数的增加对 CPU 选用、存储器容量、控制功能范围等选择都有影响。在估算和选用时应充分考虑，使整个控制系统有较合理的性能价格比。

5.2　硬件电路设计

5.2.1　动力柜设计

动力柜为智能制造教学工厂提供电源，主要涉及智能制造教学工厂的各部分单元用电，如图 5 - 29 所示。

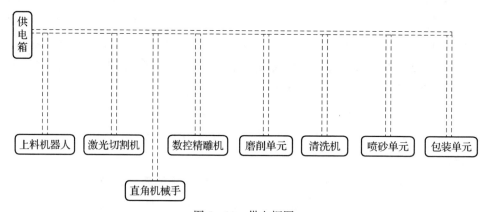

图 5 - 29　供电框图

动力模块具体要求：生产线总供电线电源需求为三相 AC 220(1 ± 10%) ~ 380 V，50/60 Hz，125 kW，各个单元需求如表 5 - 15 所示。

表 5 - 15　各个单元电源需求

上料机器人	单相 AC 230 （1 ± 10%） V，50/60 Hz
激光切割机	三相 380 （1 ± 10%） V，50/60 Hz
YHSJS280 - 3 直角机械手	单相 AC 200 ~ 220 （1 ± 10%） V，50/60 Hz
精雕机	单相 AC 200 ~ 220 （1 ± 10%） V，50/60 Hz
580B 双端面磨床	三相 380 （1 ± 15%） V，50/60 Hz
HKD - 3000STLF 清洗机	三相 380 （1 ± 10%） V，50/60 Hz
CCD 视觉检系统	单相 AC 200 ~ 220 （1 ± 10%） V，50/60 Hz
RCX340、RCX240	单相 AC 200 ~ 220 （1 ± 10%） V，50/60 Hz
打包单元	单相 AC 200 ~ 220 （1 ± 10%） V，50/60 Hz

根据生产线总供电线电源需求和各个单元电源需求，选择合适的空气开关和导线，各单元供电电路设计如图 5 – 30 ~ 图 5 – 32 所示。

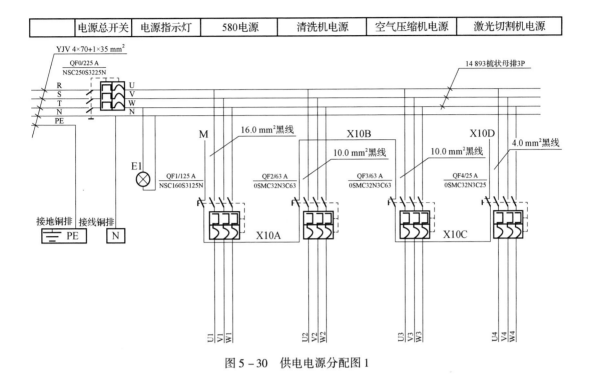

图 5 – 30　供电电源分配图 1

图 5 – 31　供电电源分配图 2

| 直角机器人电源 | 总控柜电源 | 1号柜电源 | 2号柜电源 | 风扇电源 | |

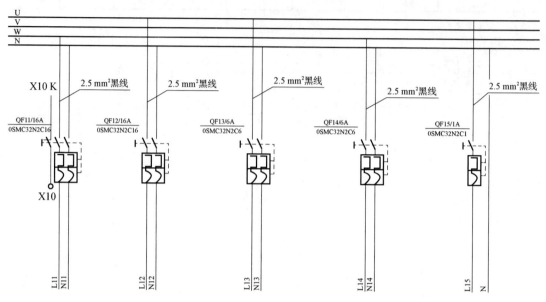

图 5 - 32　供电电源分配图 3

5.2.2　控制柜设计

智能制造教学工厂控制模块包括 PLC 接线图、PLC 输入/输出点分配和警灯及安全门锁接线图，智能制造教学工厂下位机控制信号框图如图 5 - 33 所示。

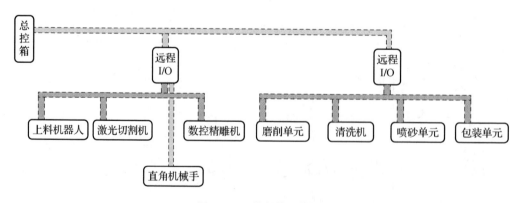

图 5 - 33　控制信号框图

在产线总控方面，根据整条产线的控制需求，设计了启动、停止、复位、急停、运行准备、单机/联机、设备过载和几个门锁保护等输入信号，以及运行准备完成、设备过载、红绿黄三种警示灯启动和蜂鸣器报警、电磁解锁等输出单元，I/O 分配如表 5 - 16 和表 5 - 17 所示。

表5-16　PLC输入点分配表

X000	钥匙开关	X016	前门1开合检测
X001	急停	X017	前门1锁定检测
X002	启动	X023	左侧门锁1
X003	停止	X024	前门锁1
X004	复位	X025	前门锁2
X005	运行准备	X026	前门锁3
X006	单机/联机	X027	右侧门锁5
X007	设备过载		

表5-17　PLC输出点分配表

		Y013	绿灯
		Y014	黄灯
Y005	运行准备完成	Y015	红灯
		Y016	蜂鸣器
Y007	设备过载	Y017	电磁解锁

5.2.3　上下料加工模块电气设计

如图3-2所示，智能制造教学工厂前段涉及六轴工业机器人上下料、激光切割机对原件进行下料处理、数控精雕机对所需图案和文字进行雕刻。

电气设计要求如下。

①上下料单元电气设计：在上下料过程中，要保证料车在安全位置不能发生移动；在激光切割机给PLC发送允许上料信号后，PLC控制六轴工业机器人安全、及时、精准地将钣金来料运送到激光切割机的夹具上。

②激光切割单元电气设计：激光切割机在切割钣金来料前处于准备完成的等待状态，当激光切割机检测到夹具上有料时，PLC控制激光切割机执行切割程序，激光切割机完成切割动作后，发送指令给PLC，准备执行下一条指令。

③数控精雕机单元电气设计：数控精雕机在切割来料前处于准备完成的等待状态，当来料到达数控精雕机上方时，数控精雕机发送信号允许上料给PLC，直角机械手上料给数控精雕机后执行精雕程序，数控精雕机完成精雕动作后，发送指令给PLC，准备执行下一条指令。

上下料及加工模块I/O分配如表5-18所示。

表 5 – 18 I/O 分配表

输入信号				输出信号			
针脚号	定义	针脚号	定义	针脚号	定义	针脚号	定义
RX00	多关节机器人运行准备	RX14	激光切割机加工完成	RY00	多关节机器人伺服 ON	RY14	
RX01	多关节机器人运行状态	RX15		RY01	外部启动允许	RY15	
RX02	多关节机器人报警	RX16		RY02	允许多关节移动	RY16	
RX03	上料小车低位到位检测	RX17		RY03	多关节机器人复位	RY17	
RX04	上料小车高位到位检测	RX18	数控精雕机准备完成	RY04		RY18	数控精雕机运行状态
RX05	上料小车到位检测	RX19	数控精雕机运行状态	RY05		RY19	数控精雕机启动
RX06	多关节机器人中断	RX1A	数控精雕机报警	RY06	允许多关节上料	RY1A	数控精雕机停止
RX07	上料完成检测	RX1B	数控精雕机加工完成	RY07	多关节 ACT 激活	RY1B	直角机械手下料完成
RX08		RX1C	数控精雕机允许上料	RY08		RY1C	数控精雕机夹具夹紧
RX09		RX1D	数控精雕机加工完成	RY09		RY1D	数控精雕机夹具松开
RX0A		RX1E	数控精雕机夹具夹紧	RY0A		RY1E	280 打磨电机控制
RX0B		RX1F	数控精雕机夹具松开	RY0B		RY1F	580 传输带电机控制
RX0C				RY0C			
RX0D				RY0D			
RX0E				RY0E			
RX10	激光切割机准备完成			RY1F			

输入信号			输出信号		
RX11	激光切割机 运行状态		RY10		
RX12	激光切割机 报警		RY11		
RX13	激光切割机 允许上料		RY12		
RX03	喷砂机门开		RY13	喷砂加热	

供电设计：图 5 – 34 为电源进线原理图，其中 24 V 电源分别给 PLC、喷砂机和清洗机供电，220 V 电分别给 580 磨床传输带和 280 打磨电机供电。

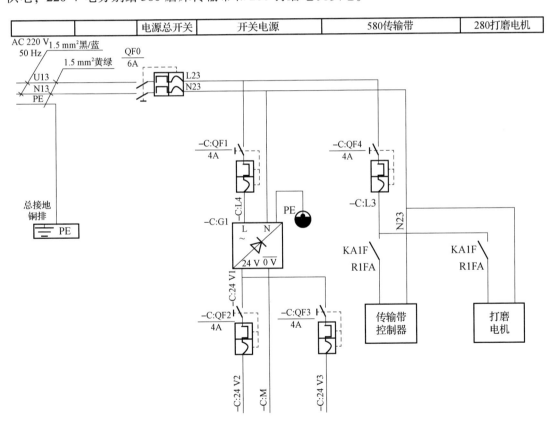

图 5 – 34 上下料加工模块电源进线原理图

（1）上下料单元电气设计如图 5 – 35 和图 5 – 36 所示。

（2）切割单元电气设计如图 5 – 37 和图 5 – 38 所示。

（3）精雕单元电气设计如图 5 – 39 和图 5 – 40 所示。

输出公共端	关节机器人准备完成	机器人运行状态	关节机器人报警	上料小车低位	上料小车高位	上料小车到位	多关节故障中断	多关节上料完成
针脚号 COM0	RX00	RX01	RX02	RX03	RX04	RX05	RX06	RX07

DA0:
远程I/O

RX00　RX01　RX02　RX03　RX04　RX05　RX06　RX07

SR0　SR1　SQ3　SQ4　SQ5　SQ6　SQ7

-C:24 V2

-C:M

图 5 - 35　上下料单元输入电路设计

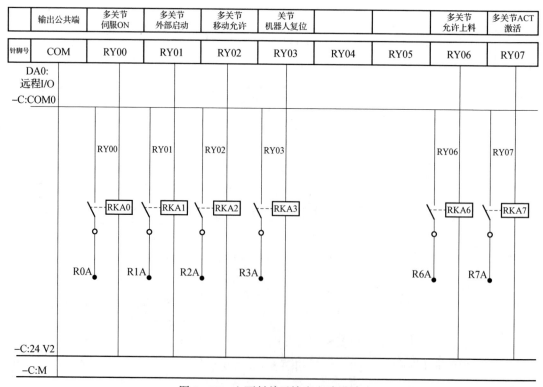

输出公共端	多关节伺服ON	多关节外部启动	多关节移动允许	关节机器人复位			多关节允许上料	多关节ACT激活
针脚号 COM	RY00	RY01	RY02	RY03	RY04	RY05	RY06	RY07

DA0:
远程I/O
-C:COM0

RY00　RY01　RY02　RY03　RY06　RY07

RKA0　RKA1　RKA2　RKA3　RKA6　RKA7

R0A　R1A　R2A　R3A　R6A　R7A

-C:24 V2

-C:M

图 5 - 36　上下料单元输出电路设计

针脚号	COM1	激光切割机 准备完成 RX10	激光切割机 运行状态 RX11	激光切割机 报警 RX12	激光切割机 允许上料 RX13	激光切割机 加工完成 RX14	RX15	RX16	RX17

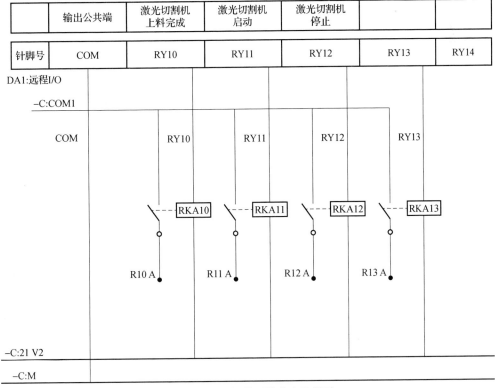

图 5－37　切割单元输入电路设计

针脚号	输出公共端 COM	激光切割机 上料完成 RY10	激光切割机 启动 RY11	激光切割机 停止 RY12	RY13	RY14

图 5－38　切割单元输出电路设计

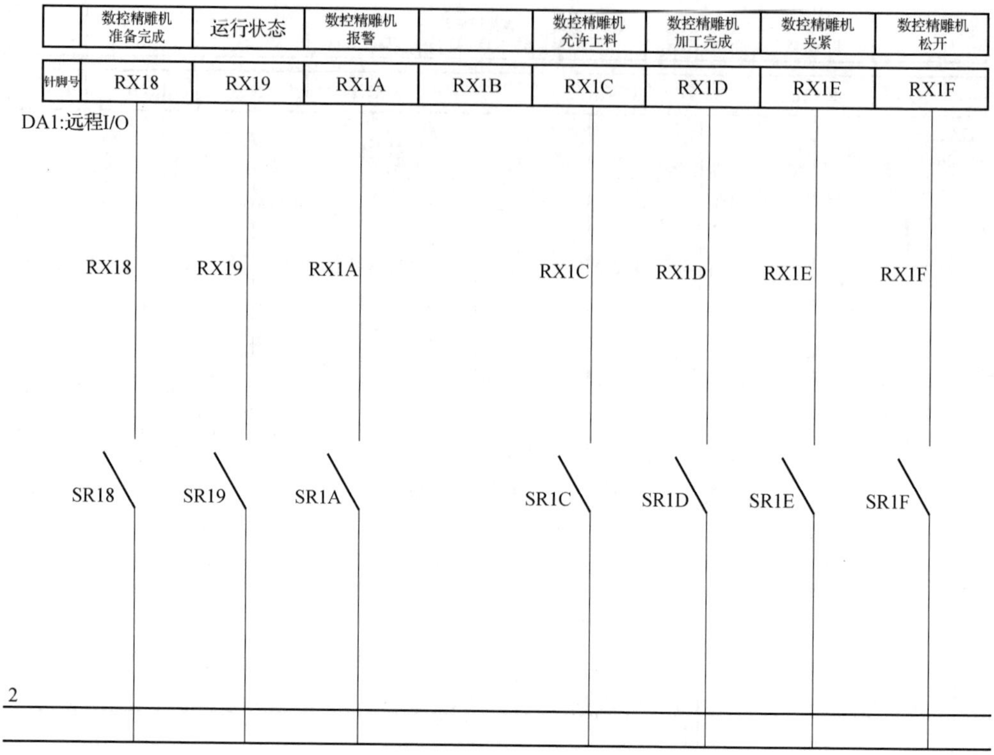

	数控精雕机准备完成	运行状态	数控精雕机报警		数控精雕机允许上料	数控精雕机加工完成	数控精雕机夹紧	数控精雕机松开
针脚号	RX18	RX19	RX1A	RX1B	RX1C	RX1D	RX1E	RX1F

DA1:远程I/O

RX18　RX19　RX1A　　　　RX1C　RX1D　RX1E　RX1F

SR18　SR19　SR1A　　　　SR1C　SR1D　SR1E　SR1F

2

图 5-39　精雕单元输入电路设计

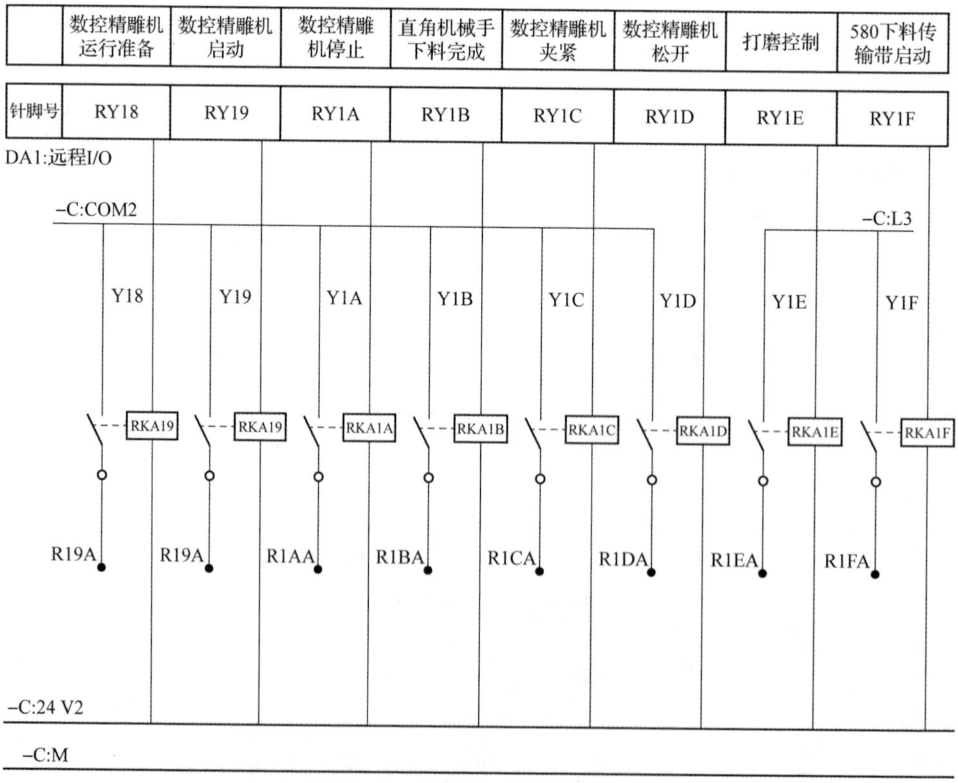

	数控精雕机运行准备	数控精雕机启动	数控精雕机停止	直角机械手下料完成	数控精雕机夹紧	数控精雕机松开	打磨控制	580下料传输带启动
针脚号	RY18	RY19	RY1A	RY1B	RY1C	RY1D	RY1E	RY1F

DA1:远程I/O

−C:COM2　　　　　　　　　　　　　　　　　　　　　　−C:L3

Y18　Y19　Y1A　Y1B　Y1C　Y1D　Y1E　Y1F

RKA19　RKA19　RKA1A　RKA1B　RKA1C　RKA1D　RKA1E　RKA1F

R19A　R19A　R1AA　R1BA　R1CA　R1DA　R1EA　R1FA

−C:24 V2

−C:M

图 5-40　精雕单元输出电路设计

5.2.4　打磨处理及打包模块电气设计

如图3-2所示，在智能制造教学工厂后段，平面零件进入双面磨床进行磨削加工、清洗烘干、喷砂抛光和打包装盒处理。

电气设计要求：

①磨床单元电气设计：开机后580磨床已经处于准备完成状态，工件到达磨床上方时，磨床发出允许上料信号给PLC，PLC控制直角机械手把工件放进磨床，实现双面打磨处理，在整个过程中要求磨床安全门关闭。

②清洗喷砂单元电气设计：在整个生产过程中，清洗机一直处于工作状态，通过输送带带动工件进出清洗机；工件清洗结束后，通过CCD视觉定位与SCARA机械手相结合，搬运工件至喷砂单元，经过双面喷砂后完成整个过程。

③打包单元电气设计：在工件打包前，CCD视觉系统需要对工件进行视觉比对，不符合要求的次品会通过SCARA机械手放在废料盘，符合要求的工件放在打包盒，通过气缸动作实现打包过程。

打磨处理及打包模块I/O分配如表5-19所示。

表5-19　I/O分配表

输入信号				输出信号			
针脚号	定义	针脚号	定义	针脚号	定义	针脚号	定义
X20	580准备完成	X38	平移原位磁性开关	Y20	580运行准备	Y38	平移原位控制
X21	580运行状态	X39	平移交换位磁性开关	Y21	580启动	Y39	平移交换位控制
X22	580报警	X3A	抬升上位	Y22	580停止	Y3A	气缸抬升
X23	580上料	X3B	抬升下位	Y23	580复位	Y3B	气缸下降
X24		X3C	340SCARA运行准备	Y24	580位置选择1	Y3C	340SCARA复位
X25		X3D	340SCARA运行状态	Y25	580位置选择2	Y3D	340SCARA启动
X26		X3E	340SCARA报警	Y26	580位置选择3	Y3E	340SCARA停止
X27	防护右侧门检测	X3F		Y27	580位置选择4	Y3F	340编码1
X28	清洗机报警	X40		Y28		Y40	340编码2

续表

输入信号				输出信号			
X29	清洗机准备完成	X41	CCD 气缸左到位	Y29	清洗机运行准备	Y41	CCD 气缸左移
X2A	清洗机运行状态	X42	CCD 气缸右到位	Y2A	清洗机启动	Y42	CCD 气缸右移
X2B	240SCARA 报警	X43	CCD 拍照完成	Y2B	清洗机停止	Y43	CCD 开始拍照
X2C	240SCARA 准备完成	X44	开盒到位感应	Y2C	240 运行准备	Y44	打开盒子
X2D	240SCARA 运行状态	X45	盒子到位感应	Y2D	240 启动	Y45	关闭盒子
X2E	240 编码 1	X46	盒子地位感应	Y2E	240 停止	Y46	拍照输送带启停
X2F	240 编码 2	X47	输送带有无盒子检测	Y2F	240 编码 1	Y47	包装输送带启停
X30	240 编码 3	X48		Y30	240 编码 2	Y48	喷砂旋转
X31		X49	推盒气缸前位	Y31	240 编码 3	Y49	盒子推
X32	喷砂机门开	X4A	推盒气缸后位	Y32	喷砂机门开关	Y4A	盒子退
X33	喷砂机门关	X4B	盒子夹紧到位	Y33	喷砂加热	Y4B	盒子夹紧
X34	手动喷砂	X4C	盒子松开到位	Y34	吹气控制	Y4C	盒子松开
X35	半自动喷砂	X4D	喷砂吸盘真空检测	Y35	喷砂启停	Y4D	喷砂机吸盘控制
X36	旋转 0° 磁性开关	X4E		Y36	0° 翻转	Y4E	气缸平移
X37	旋转 180° 磁性开关	X4F	总真空	Y37	180° 翻转	Y4F	换向机构真空控制

供电设计：图 5-41 为电源进线原理图，其中 24 V 电源分别给 PLC、喷砂机和清洗机供电，视觉输送带和打包输送带用 QF4 和 QF5 控制调速电机电源。

（1）磨床单元电气设计如图 5-42 和图 5-43 所示。

（2）清洗喷砂单元电气设计如图 5-44 ~ 图 5-47 所示。

（3）打包单元电气设计如图 5-48 和图 5-49 所示。

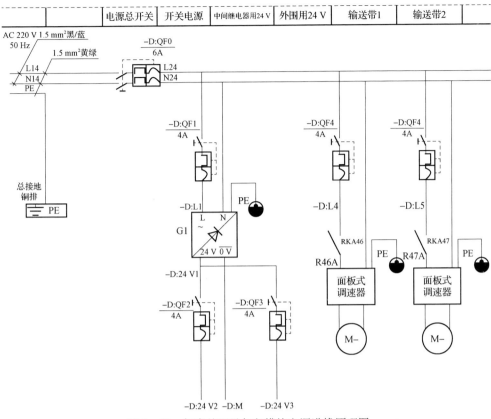

图 5–41　打磨处理及打包模块电源进线原理图

输出公共端	580准备完成	580运行状态	580报警	580允许放料				右门关检测
针脚号 COM	RX20	RX21	RX22	RX23	RX24	RX25	RX26	RX27

DA2
远程I/O

图 5–42　磨床单元输入电路设计

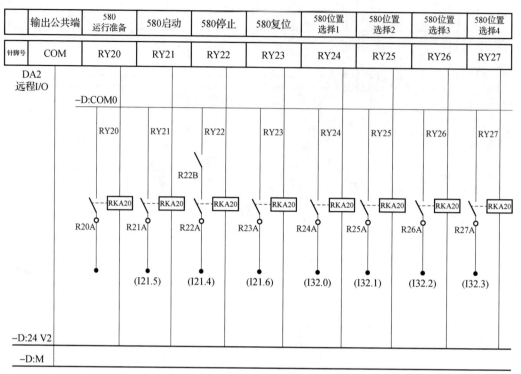

输出公共端	580运行准备	580启动	580停止	580复位	580位置选择1	580位置选择2	580位置选择3	580位置选择4
针脚号 COM	RY20	RY21	RY22	RY23	RY24	RY25	RY26	RY27

图 5 - 43　磨床单元输出电路设计

清洗机报警	清洗机准备完成	清洗机运行状态	喷砂SCARA报警	喷砂机SCARA准备完成	SCARA运行状态	喷砂编码1	喷砂编码2
针脚号 RX28	RX29	RX2A	RX2B	RX2C	RX2D	RX2E	RX2F

DA2远程I/O

RX28	RX29	RX2A	RX2B	RX2C	RX2D	RX2E (BY4)	RX2F (BY5)
S28	S29	S2A	S2B	S2C	S2D	S2C	S2D

V2

图 5 - 44　清洗喷砂单元输入电路设计（1）

	喷砂编码3		喷砂门开	喷砂门关	手动喷砂	半自动喷砂	翻转0°检测	翻转180°检测
针脚号	RX30	RX31	RX32	RX33	RX34	RX35	RX36	RX37

DA3远程I/O

RX30　RX31　RX32　RX33　RX34　RX35　RX36　RX37

S31　　　　　S32　S33　S34　S35　SQ36　SQ37

图 5 – 45　清洗喷砂单元输入电路设计（2）

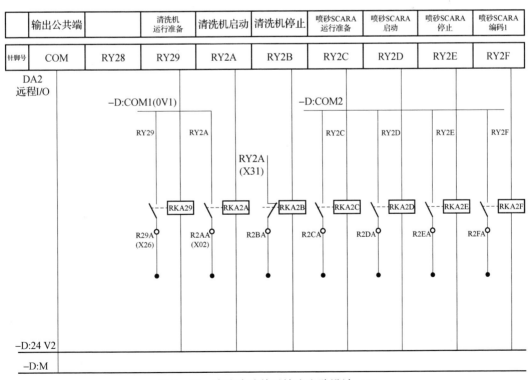

	输出公共端		清洗机运行准备	清洗机启动	清洗机停止	喷砂SCARA运行准备	喷砂SCARA启动	喷砂SCARA停止	喷砂SCARA编码1
针脚号	COM	RY28	RY29	RY2A	RY2B	RY2C	RY2D	RY2E	RY2F

DA2
远程I/O

–D:COM1(0V1)　　　　　　　　　–D:COM2

RY29　RY2A　　　　　RY2C　RY2D　RY2E　RY2F

RY2A
(X31)

RKA29　RKA2A　RKA2B　RKA2C　RKA2D　RKA2E　RKA2F

R29A　R2AA　R2BA　R2CA　R2DA　R2EA　R2FA
(X26)　(X02)

–D:24 V2

–D:M

图 5 – 46　清洗喷砂单元输出电路设计（1）

	输出公共端	喷砂SCARA编码2	喷砂SCARA编码3	喷砂门控制	喷砂加热风机	喷砂吹气控制	喷砂启停	翻转0°	翻转180°
针脚号	COM	RY30	RY31	RY32	RY33	RY34	RY35	RY36	RY37

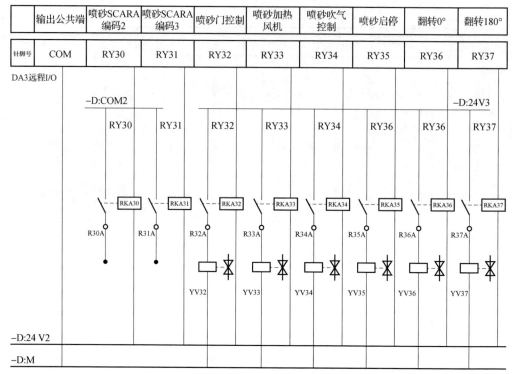

图 5 – 47　清洗喷砂单元输出电路设计（2）

	平移原位检测	平移交换位检测	抬升上位检测	抬升下位检测	包装SCARA准备完成	包装SCARA运行状态	包装SCARA报警	340编码1
针脚号	RX38	RX39	RX3A	RX3B	RX3C	RX3D	RX3E	RX3F

图 5 – 48　打包单元输入电路设计

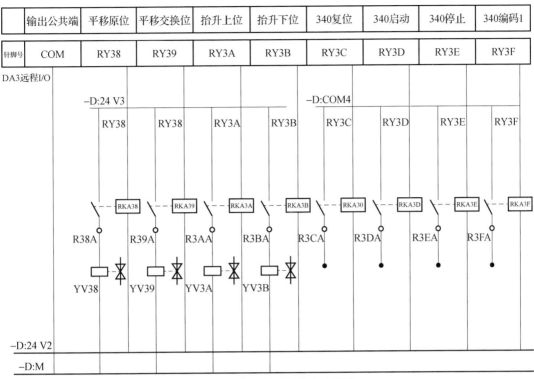

	输出公共端	平移原位	平移交换位	抬升上位	抬升下位	340复位	340启动	340停止	340编码1
针脚号	COM	RY38	RY39	RY3A	RY3B	RY3C	RY3D	RY3E	RY3F

图5-49 打包单元输出电路设计

5.2.5 直角机械手模块电气设计

直角机械手有三个轴，分别是 X 轴、Z 轴和旋转轴，其中旋转轴由旋转气缸控制，工件用真空吸盘抓取。要求设计直角机械手电气控制单元以实现搬运功能：激光切割机切割工件形状→直角机械手取半成品至打磨机去毛刺→直角机械手将半成品工件搬运至数控精雕机→数控精雕机雕铣→直角机械手从数控精雕机上抓取已雕刻工件至580磨床。

（1）伺服控制器接线图如图5-50和图5-51所示。

（2）I/O分配表如表5-20所示。

（3）X 轴伺服与PLC接线图如图5-52所示。X 轴伺服引脚见表5-21和表5-22。

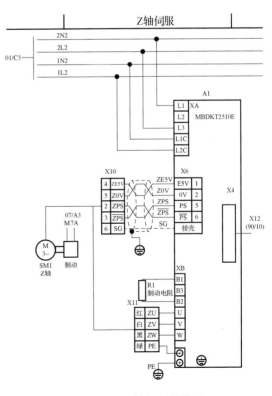

图5-50 Z轴伺服接线图

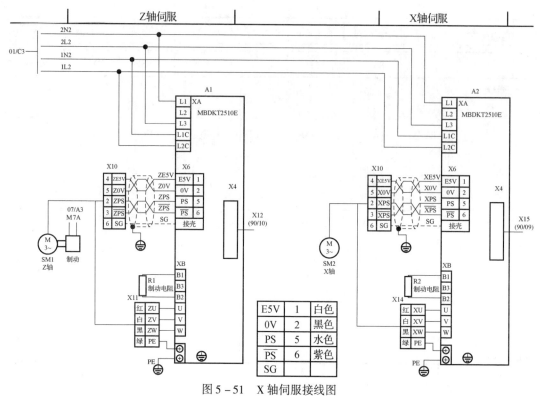

图 5 – 51　X 轴伺服接线图

表 5 – 20　I/O 分配表

输入信号				输出信号			
针脚号	定义	针脚号	定义	针脚号	定义	针脚号	定义
针脚号	定义	针脚号	定义	针脚号	定义	针脚号	定义
X0		X14	握持信号	Y0	X 轴脉冲输出	Y14	黄灯
X1		X15	手动/自动	Y1	Z 轴脉冲输出	Y15	红灯
X2		X16	远程信号	Y2		Y16	蜂鸣器
X3	X 轴原点信号	X17	旋转 0 度检测信号	Y3	运行状态指示灯	Y17	旋转 0 度
X4	Z 轴原点信号	X20	旋转 90 度检测信号	Y4	X 轴方向选择	Y20	旋转 90 度
X5		X21	真空吸附	Y5	Z 轴方向选择	Y21	真空松开
X6	Z 轴外部制动器解除信号	X22		Y6		Y22	吹气
X7		X23	急停	Y7	Y 轴抱闸	Y23	备用
X10		X24	启动（预留）	Y10	伺服开启	Y24	备用

续表

输入信号				输出信号			
X11	X 轴伺服报警	X25	停止（预留）	Y11	伺服复位	Y25	
X12	Z 轴伺服报警	X26	复位（预留）	Y12	KM1 接触器	Y26	
X13		X27		Y13	绿灯	Y27	

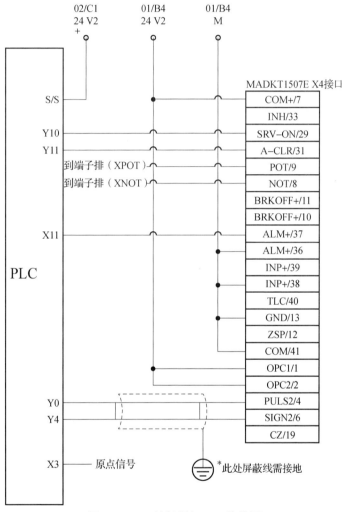

图 5 - 52　X 轴伺服与 PLC 接线图

表 5 - 21　X 轴伺服引脚

COM + /7	公共端	INH/33	指令脉冲禁止输入
SRV - ON/29	伺服接通	A - CLR/31	警报清除
POT/9	正方向驱动禁止输入	NOT/8	负方向驱动禁止输入
BRKOFF + /11	外设制动器解除输出	ALM + /37	伺服警报输出

INP + /39	定位结束输出	ZSP/12	零速检测输出
PULS2/4	脉冲指令输入	SIGN2/6	指令符号输入
CZ/19	X 相脉冲输出		

表 5 – 22　X 轴伺服针脚号与 PLC 对应表

PLC 点		X11		
针脚号		37		
PLC 点	Y0	Y4	Y10	Y11
针脚号	4	6	29	31

（4）Z 轴伺服与 PLC 的接线图如图 5 – 53 所示。Z 轴伺服引脚如表 5 – 23 和表 5 – 24 所示。

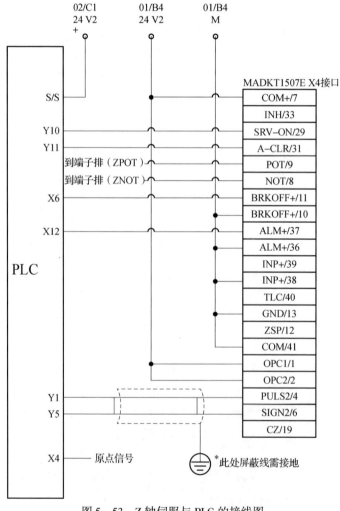

图 5 – 53　Z 轴伺服与 PLC 的接线图

表 5－23　Z 轴伺服引脚

COM +／7	公共端	INH/33	指令脉冲禁止输入
SRV－ON/29	伺服接通	A－CLR/31	警报清除
POT/9	正方向驱动禁止输入	NOT/8	负方向驱动禁止输入
BRKOFF +／11	外设制动器解除输出	ALM +／37	伺服警报输出
INP +／39	定位结束输出	ZSP/12	零速检测输出
PULS2/4	脉冲指令输入	SIGN2/6	指令符号输入
CZ/19	Z 相脉冲输出		

表 5－24　Z 轴伺服针脚号与 PLC 对应表

PLC 点	X6	X12		
针脚号	11	37		
PLC 点	Y1	Y5	Y10	Y11
针脚号	4	6	29	31

第6章

智能制造教学工厂设计－控制篇

智能制造教学工厂五大模块系统包括客户端、生产管理系统、现场控制系统、网络通信系统及现场监控系统。

（1）客户端用于客户通过网络定制选型所需产品，确定数量、交货期、价格等；包括基于 PC 端的网页版客户端和基于移动端的手机版 APP。

（2）生产管理系统包含订单管理模块、现场设备数据采集监控模块及数据库模块。

（3）现场控制系统包含以太网模块、主控工业控制器模块及主站模块等。

（4）网络通信系统应用以太网、TCP/IP、CC－Link、RS485 等常规通信协议，将现有各大系统互联，实现信息实时流动及更新。

（5）现场监控系统通过网络摄像头可远程监控智能工厂的生产实况。

6.1　基于 KingSCADA 与 KingHistorian 上位机系统开发

KingSCADA 是一款高端工业组态软件，是一款面向中、高端市场的高端 SCADA 产品，它具有集成化管理、模块式开发、可视化操作、智能化诊断及控制、使用简单方便、运行安全可靠等特点。全新的数据块采集理念，极大地提高了采集效率。在强大的图形开发工具、绚丽的图形对象、丰富的属性设置及动画连接支持下，将数据在图形上的展示发挥得淋漓尽致。KingSCADA 具有良好的开放性，支持 Activex 控件、OPC、DDE、API。通过标准的协议规范，第三方软件可以轻松实现和 KingSCADA 的数据交互。另外，该产品构建了一个开放性数据平台，可以将任何控制系统、远程终端系统、数据库、历史库及企业其他系统进行融合，能够最大限度地帮助企业搭建智能监控管理平台。主要功能如下：

（1）完美的图形，丰富的图库，再现真实的生产场景；

（2）模型复用，更轻松高效地进行组态；

（3）智能诊断，系统故障在线展示；

（4）数据块采集，高速精准获取数据；

（5）完善的冗余方案，保证系统安全稳健；

（6）柔性网络架构，只需进行灵活的网络部署；

（7）良好的开放性能，轻松与第三方软件进行数据交换；

（8）完善的报警功能，便于故障监控和决策；

（9）功能强大的历史服务与展示功能，方便查询实时数据和历史数据。

KingHistorian 数据库拥有强大的性能，其开放的数据访问接口可以实现不同层次人员的数据库二次开发，KingHistorian 工业数据库用于存储生产信息。主要功能如下。

1. 高性能

KingHistorian 拥有卓越的性能。

（1）KingHistorian 单台服务器支持 100 万点的数据点。

（2）KingHistorian 在线支持连续存储，并达到 30 万条记录/秒的存储速度。

（3）KingHistorian 支持多种压缩方式，压缩比可达 25% ~ 95%。

（4）KingHistorian 单客户端单点查询速度为 20 万条记录/秒。

（5）KingHistorian 稳定支持 256 个客户端并发查询，每秒可达 2 万条记录。

2. 可靠性

宝贵的过程数据需要有良好、可靠的处理技术。

（1）KingHistorian 支持集群冗余，支持镜像功能。

（2）KingHistorian 支持数据缓存、后续追加。

（3）KingHistorian 支持数据在线备份。

（4）KingHistorian 支持用户与权限双重安全管理。

3. 丰富的接口

开放的接口是衡量一个数据库是否好用的标准之一。

（1）KingHistorian 提供丰富的数据访问接口，如 API、ODBC、OLEDB（ADO）、SDK 等。

（2）KingHistorian 提供符合 SQL – 92 标准的 SQL 接口，并支持扩展的 SQL 语句。

（3）KingHistorian 提供 JAVA 接口，支持跨平台的数据访问和操作。

（4）KingHistorian 提供 150 个以上 API 接口函数，还支持 C#、VB 等语言进行数据库开发。

传统的生产线监控平台都是封闭的，不能实现客户参与产品的设计。基于 KingSCADA 与 KingHistorian 的智能制造生产线监控平台如图 3 – 5 所示。可以通过 Web 客户端、手机 APP 参与产品设计，定制生产，远在千里之外的客户也可以设计定制自己的产品。

该生产线监控平台可以处理订单信息，可以监控设备运行状态，可以查询历史生产数据、产线历史报警，可以存储产品设计相关数据等。

上位机系统具有订单管理、工业控制和数据库服务功能，在自身系统内进行加工数据和控制数据的交互，支持 C/S 架构模式。主控机 30 平台系统包含订单生产管理、产品维护管理、设备监控管理和用户管理。其中，订单生产管理可包含生产订单查询、生产订单管理、生产订单排产和生产订单下发；产品维护管理可包含产品外形查询、产品外形编辑、产品图案查询、产品图案编辑、标准产品查询、标准产品编辑和定制产品查询；设备监控管理可包含设备 I/O 监控、设备监控、手动模式监控、手动控制和设备使能设置；用户管理可包含登录查询、用户登录、退出登录和用户管理。上位机系统框图如图 6 - 1 所示，上位机界面实例展示如图 6 - 2 ~ 图 6 - 5 所示。

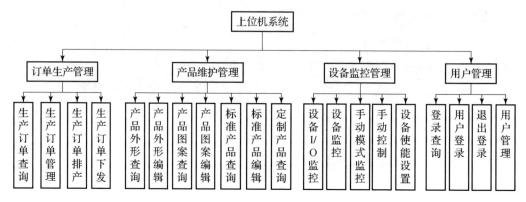

图 6 - 1　上位机系统框图

6.2　基于 KingMobile 片式小型工艺品设计手机 APP 软件开发

KingMobile1.0 是一款支持移动端或者 PC 端设备便捷访问、操作工业现场数据和关系库数据的产品。KingMobile1.0 可以在 PC 机、手机、平板电脑等设备上通过 HTML5 网页展示和操作 KingHistorian（亚控工业库）、KingSCADA（亚控 SCADA）及组态王（亚控 KingView）中的工业流程数据和各类关系库（Oracle、SQL Server、MySQL、PostgreSQL）中的关系数据。可以采用浏览器作为客户端，也可以将开发的 HTML 页面打包成手机 APP 作为客户端。KingMobile1.0 版主要面向有一定 Web 前端开发经验的用户，用户可以通过 KingMobile1.0 所提供的数据后台服务、客户端接口及示例代码进行开发，有了 KingMobile1.0 提供的后台服务，用户只需要关注如何定制出符合自己要求的客户端页面即可，而无须考虑后台服务的开发和维护。

传统的网上交易手机 APP 只能选择商品，然后付款完成交易。但随着科技的发展，能拥有一款自己独一无二的商品成为一种时尚，如果能参与这种商品的设计那就更完美。使用 KingMobile 开发的工业手机 APP 软件可以完成。APP 软件包括定制下单、标准下单、订单生产管理、视频监控和关于我们，如图 6 - 6 所示，学生或老师通过移动终端设备（如手机或平板电脑）上的 APP 平台进行工艺品外形和图案选择、DIY 制作，并进行下单、付费和生产、视频监控等操作。APP 界面实例展示如图 6 - 7 所示，用户登录后，可以进行片式零件的设计、付款、下单等操作；下单完成后，在 APP 端可以查看订单生产记录。

图 6-2　产品数据库

图 6-3　订单下发

此外，如图 6-8 所示，手机 APP 通过专门开发的后台程序、工业数控库将用户参与设计的图形文件转换成 CNC 机床能识别的加工代码（图形文件 NC 点阵转换模块、NC 格式文件生成模块），直接用于数控精雕机生产加工，并由 KingSCADA 控制完成各个加工工序。由于它强大的工艺品工艺 NC 编程功能，下单后无须人为干涉，CNC 直接可以进行加工生产，使整个生产无人化。

图 6 – 4 订单追溯

图 6 – 5 设备监控

图 6 – 6 APP 系统框图

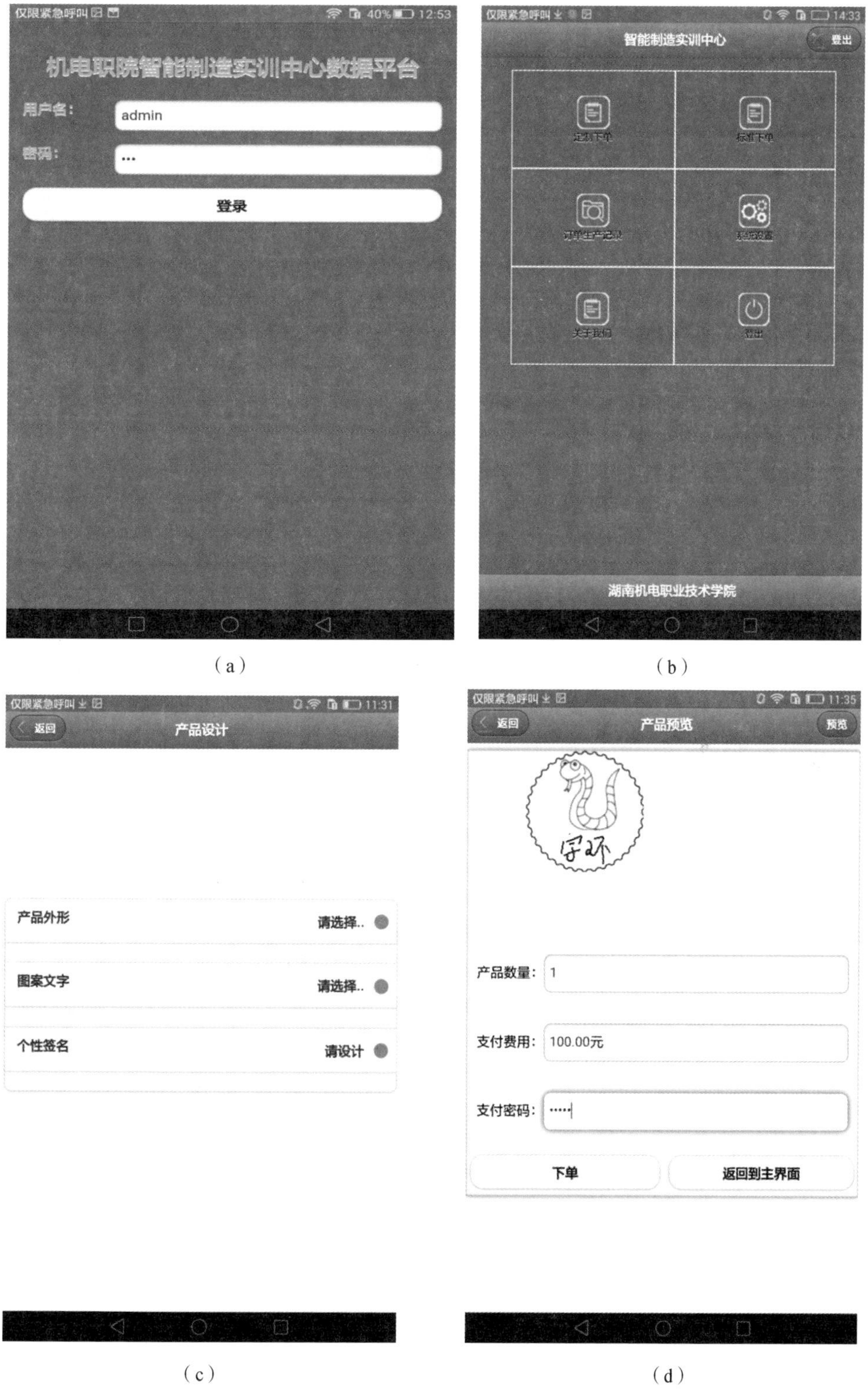

（a）

（b）

（c）

（d）

图6-7　APP界面实例

（a）登录界面；（b）主界面；（c）定制产品界面；（d）下单界面

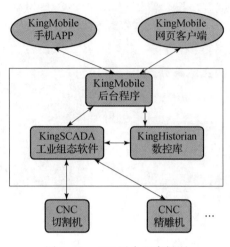

图 6-8　APP 后台程序框图

6.3　智能产线控制系统

智能产线以 400 mm×400 mm、厚度为 2.5 mm、重量为 3.18 kg 的 304 不锈钢板为原材料，加工成形状各异、表面图样不同且具有个性化的钥匙扣、标牌、吊坠等饰件。图 3-1 和图 3-2 所示的智能产线配有激光切割机床、数控精雕机床、数控精密磨削机床、喷砂机、清洗机、视觉检测系统、打包机、上下料机械手、物料输送带和装有 APP 软件的移动终端及工业控制计算机等。

如图 3-1 和图 3-2 所示，智能产线加工工艺流程为：激光切割下料、精雕刻图加工、磨抛毛边处理、清洗烘干、喷砂表面雾化、视觉在线检查和打包装盒及产品码垛。自动化工艺流程为：多关节机械手原料上料和废料下料、直角机械手半成品搬运及平行机械手半成品及成品搬运等，制造流程示意图如图 6-9 所示。

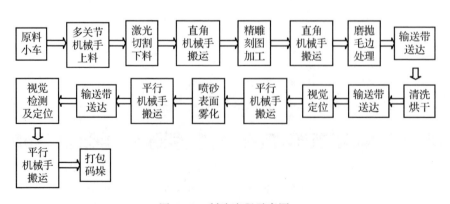

图 6-9　制造流程示意图

在系统运行的可靠性、经济性和合理性等理念下，根据产线制造流程对各加工和搬运单元逻辑关系、顺序和状态等进行精确控制，合理安排工序间的时间分配，使各工序有条不紊、协调运行，提高生产效率。根据监控界面实时在线监控制造流程，对事故隐患或极限情况实时预警，具备故障报警和急停功能，保证产线安全、可靠运行。此外，产线控制系统操作简便、易于维护和防误操作等。

　　平面金属薄板饰件精加工智能产线控制系统由上位机监控系统、下位机控制系统和通信网络组成，如图 3 - 6 所示。上位机由工控机和工业组态软件组成，与下位机 PLC 进行通信，对整个产线工艺运作过程进行自动化监管，保证产线稳定可靠运行。下位机采用通用型 PLC 及其外围设备组成，主要针对各加工单元和搬运单元进行生产控制和生产状态监管，如上料单元是否存在原料脱落、各加工单元之间的前后衔接等，通过 CC - Link 实现生产过程的闭环控制，提高产品加工效果和节能性。产线工作模式采用"自动控制"和"手动控制"两种，正常情况下以自动控制方式为主，手动控制优先级别最高，以便设备调试和意外情况（如设备故障或自动控制存在问题）发生时及时关闭设备。各分站 PLC 与主站 PLC 之间采用 TCP/IP 协议进行通信，保证整个产线各个单元的有序运作。

　　平面金属薄板饰件精加工智能产线系统包含多个加工单元和搬运单元，因此控制系统存在输入/输出信号、检测反馈信号和执行信号种类及数量较多的特点，是一个较为复杂的柔性生产制造控制系统。整体分析时主要考虑在满足生产流程和工艺前提下将各加工单元和搬运单元输入/输出变量分配给主站或分站 PLC 的 I/O 口，据此定义 I/O 口作用，同时实现主站和分站 PLC 之间的通信。根据各加工单元和搬运单元的操作内容、操作顺序及生产工艺将主站和分站 PLC 程序进行模块化，在模块内部确定输入/输出变量与各操作之间的关系，以及相关的检测内容和控制方法，进而逻辑整合完成程序流程设计，平面金属薄板饰件精加工智能产线程序流程图如图 6 - 10 和图 6 - 11 所示。

　　程序编制时，确保语法和文档正确，细化设计，先模块后整体；逻辑严密，前后互锁，确保工序不错位；各种功能完备，具有意外情况预防和报警处理等。经测试、修改后在程序基本正确的情况下进行现场调试。

　　设备种类和工序较多，工艺复杂，控制流程易错，联机调试非常重要。首先，在各加工程序、各机器人程序和系统控制程序完成后，选择手动运行模式，进行单机调试，完善单机控制程序。其次，选择自动运行模式，进行联机调试，确保设备并行处理，无干扰，进一步优化系统控制程序，提升产线整体运行效果。最后，对产线紧急情况、极限状态进行有效的预处理，对故障处理进行完善。经过一段时间运行后，产线运行稳定、可靠，进行验收交付。

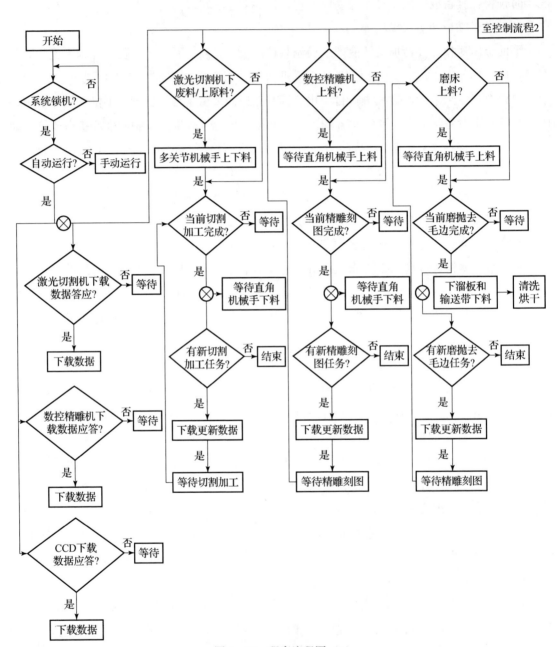

图 6－10　程序流程图（1）

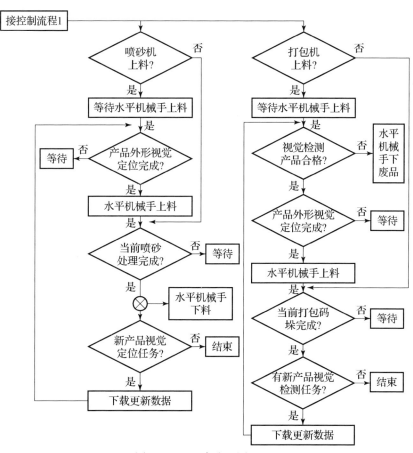

图 6 – 11　程序流程图（2）

6.4　各加工站控制系统改造

1. 激光切割单元控制系统改造

由图 4 – 34 可知，饰件外形具有个性化特点，从产品加工柔性化角度出发，为确保流转过程中统一抓取基准和加工基准，除了外形，没有可参考基准，这是因为产品特征尺寸各不相同，难以寻找共性特征，并且不允许增加打孔等辅助特征。为减少寻位、定位，可将外形基准转化为中心基准，即从产品下料开始以产品中心为基准传递抓取、加工基准。对比图 4 – 33 和图 4 – 34 可知，不同饰件在原材料上呈平面阵列排布，而激光切割机夹具只提供激光切割机粗略加工基准，因此移动工作台还需对每次切割下料提供精准的加工基准。此外，原料上料和废料下料由移动工作台指定坐标位置。基于此，还需对所选激光切割机控制软件进行二次开发（省略）。

2. 精雕单元控制系统改造

简单车削加工 NC 程序一般人工就可以完成，组合机床、CNC 加工中心、CNC 精雕机复杂零件加工都是通过 CAM 软件完成，常用 CAM 软件 NX、Pro/NC、CATIA、Space – E、CAMWORKS、Artcam 等都是将手写文档导入软件，手动操作设计加工参数、加工路径等，然后生成 NC 程序，这显然不能满足饰件个性化设计、柔性化制造要求。

对数控精雕机上位机系统进行二次开发，嵌入手写板绘图实时在线 NC 代码转换功能。示例如图 6 – 12 所示，手写笔画以像素点为单位，手绘连续自由曲线，A 点到 B 点曲线可以认为由无数接近的 A_1、A_2、A_3 等点构成，将点构成折线，以折线代替曲线。然后将点 A_1、A_2、A_3 等坐标存入数据库，用点坐标整合产品信息生成加工所需 NC 代码。经排产后自动加工，整个过程不需要人工干预。数控精雕机上位机系统改造升级前后系统流程对比如图 6 – 13 所示。

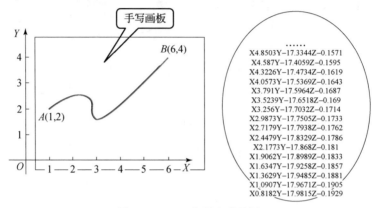

图 6 – 12　NC 代码生成示例

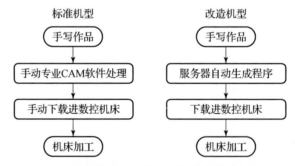

图 6 – 13　数控精雕机上位机系统改造前后流程对比

3. 双端面磨削单元控制系统改造

工业可编程数控系统主要包括主站模块、从站模块和分布式 I/O 模块，主站模块分别与控制器、分布式 I/O 模块和从站模块通信，用于接收并分析总控 PLC 发送的指令，并将指令进行解析发送到控制器、分布式 I/O 模块或从站模块；从站模块用于与生产线其他设备相同系列的控制器连接，并与主站模块进行通信；分布式 I/O 模块与直角坐标型机器人通信。主站模块对产品信息进行表格化管理，主站模块从总控 PLC 接收到产品信息后通过查表方式获得加工对象所确定的料孔编号，解析料孔编号并转换为二进制编码，将其发送给控制器，控制器启动伺服电机使加工对象对应的料孔旋转至上料位置，并发信号给直角坐标型机器人进行上料作业，上料完成后再次启动电机对加工对象进行磨抛加工，柔性化送料方法流程图如图 6-14 所示。

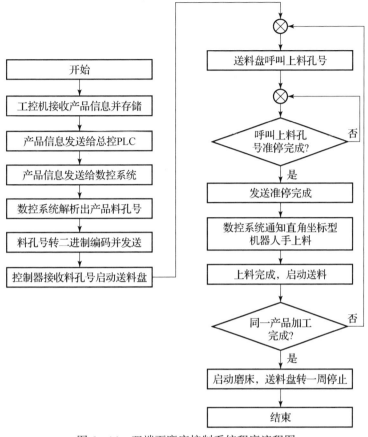

图 6-14 双端面磨床控制系统程序流程图

6.5 工艺优化

平面金属薄板饰件精加工智能制造教学工厂根据客户要求进行实地安装调试，现场效果图如图 6-15 所示，产品加工过程如图 6-16 所示，但是智能制造教学工厂智能产线各加工过程并不像图 6-16 所示工艺一步到位，实际上各加工站根据加工效果都进行了工艺优化。

图 6-15 平面金属薄板饰件精加工智能产线实物图

原材料　　　　激光切割　　　　精雕　　　　表面处理

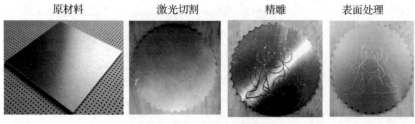

图 6 – 16　产品加工过程

1. 激光切割下料加工工艺优化

试切过程中下料产品存在原料切透不够、边沿存在毛刺等问题，如图 6 – 17（a）所示。为此，在不降低成品强度的情况下将板材厚度适当降低，适当提高激光切割机功率实现原料板被切透，同时适当增大氮气吹气气压使熔融金属迅速吹走，产品边沿减少毛刺甚至没有毛刺，如图 6 – 17（b）所示。此外，功率提高使得废料簸箕变形增大，在不影响多关节机器人负载的情况下适当提高废料簸箕厚度，同时提升废料吸除能力，达到产品切割及上下料要求。

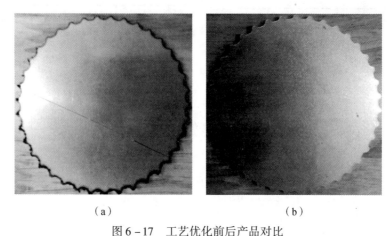

（a）　　　　　　　　　　　　（b）

图 6 – 17　工艺优化前后产品对比

（a）切割参数优化前产品　　　　　（b）切割参数优化后产品

通过对激光切割机参数进行优化已经能够获得基本无毛刺的产品，在切割过程中不断对激光功率、氮气吹气气压及激光头与料板的距离参数进行优化调整，以上三个因素都是可以精确控制的，但是还有一个因素是不可控的，即板料的平面度。由于采用的原材料是已经成型的不锈钢板材，它所能保证的只有板材的厚度，这就造成在切割过程中激光头与板材之间的距离不定，从而导致偶有毛刺的产生。针对这一问题，专门设计了一台专用小型抛光机，用于去除残留的毛刺，去毛刺机如图 6 – 18 所示，可以取得良好效果。

砂纸抛光盘

图 6 – 18　去毛刺机

2. 精雕加工工艺优化

试调过程中存在工件定位不可靠、加工速度慢和刀具易磨损等问题。为此，对定位夹具做进一步改进，采用专用夹具胶皮使工件与夹具贴合更为紧密；对图案和文字进行线条化设计，提高雕刻速度；为避免刀具过快磨损对切削参数进行优化，例如适当提高主轴转速、减小进给速度等措施。设备运行稳定后，精雕加工效果如图6-16所示。

3. 喷砂加工工艺优化

试喷砂过程中存在工件定位不可靠、同一表面喷砂不均匀和上下表面喷砂不均匀等问题。为此，将最初夹紧定位改为真空吸附定位，如图6-19所示，采用专用夹具胶皮增强产品与夹具接触面之间的密封性。由于喷料呈束状喷出，一次喷砂面积有限，喷头在喷砂过程中自身不能摆动，将固定式夹具改为旋转式夹具，如图6-19所示，保证同一表面喷砂均匀。由于对一个表面进行喷砂处理时，部分喷料喷射到夹具上反弹，对产品另一面也进行了喷砂，而这类反弹有时不规则，造成产品上下表面喷砂不均匀，将产品与夹具的部分密封接触改为全密封接触，保证产品上下表面喷砂均匀。设备运行稳定后，雾化加工效果如图6-16所示，产品美观度、光洁度和致密性都得到了提高。

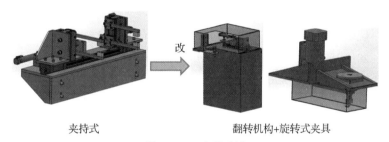

夹持式　　　　　　　翻转机构+旋转式夹具

图6-19　夹具改进

程序经过设计、测试和修改及基本正确后进入现场进行测试，根据电气图进行设备接线、电气互联及单站测试。智能制造教学工厂激光切割机、数控精雕机和双端面磨床等加工单元，各加工单元间上下料的六轴工业机器人、直角坐标型机器人、SCARA机器人和AGV，主控系统和APP平台等动作协调、参数设定与控制等实现联调联试，经小批量试制及检验，在符合客户饰件技术要求前提下投入实际运行，加工产品效果如图6-16所示，在保证加工质量的前提下降低劳动强度，提高生产效率。

经过近3年的实际运行和教学资源开发，已制作了《智能制造教学工厂说明书》《智能工厂生产与管控》和《智能工厂运维》等教学教材。自2016年开始在校内外培训多次，培训人数上千人。对外开展科普和接待参观工作不计其数，受到了国内外专家的一致好评。可以说，智能制造教学工厂既具有实际生产效果，也具有很好的育人效果。

参考文献

[1] 蒋明炜. 机械制造业智能工厂规划设计[M]. 北京：机械工业出版社，2017.

[2] 日本日经制造编辑部. 精益制造053：工业4.0之智能工厂[M]. 石露，杨文，译. 上海：东方出版社，2018.

[3] 庞国锋，徐静，郑天舒. 大规模个性化定制模式[M]. 北京：电子工业出版社，2019.

[4] 谭建荣，刘振宇. 智能制造：关键技术与企业应用[M]. 北京：机械工业出版社，2017.

[5] 中国科协智能制造学会联合体. 中国智能制造重点领域发展报告[M]. 北京：机械工业出版社，2019.

[6] 智能制造系统解决方案供应商联盟. 智能制造系统解决方案案例集[M]. 北京：电子工业出版社，2019.

[7] 庞国锋，徐静，沈旭昆. 离散型制造模式[M]. 北京：电子工业出版社，2019.

[8] 制造强国战略研究项目组. 制造强国战略研究 智能制造专题卷[M]. 北京：电子工业出版社，2019.

[9] 孙容磊. 中国战略性新兴产业研究与发展 智能制造装备[M]. 北京：机械工业出版社，2016.